华章IT

U0310756

区块链
技术丛书

HANDS-ON IOT SOLUTIONS WITH BLOCKCHAIN

基于区块链的
物联网项目开发

[巴西] 马克西米利亚诺·桑托斯 (Maximiliano Santos) ◎著
埃尼奥·莫拉 (Enio Moura)

董宁 王冰 朱轩彤 ◎译

机械工业出版社
China Machine Press

图书在版编目（CIP）数据

基于区块链的物联网项目开发 /（巴西）马克西米利亚诺·桑托斯（Maximiliano Santos），（巴西）埃尼奥·莫拉（Enio Moura）著；董宁，王冰，朱轩彤译 . —北京：机械工业出版社，2019.5

（区块链技术丛书）

书名原文：Hands-On IoT Solutions with Blockchain

ISBN 978-7-111-62756-2

I. 基… II.①马… ②埃… ③董… ④王… ⑤朱… III.①互联网络 - 应用 ②智能技术 - 应用 IV.① TP393.4 ② TP18

中国版本图书馆 CIP 数据核字（2019）第 095566 号

本书版权登记号：图字 01-2019-0952

基于区块链的物联网项目开发

出版发行：机械工业出版社（北京市西城区百万庄大街 22 号 邮政编码：100037）	
责任编辑：冯秀泳	责任校对：殷 虹
印 刷：北京诚信伟业印刷有限公司	版 次：2019 年 6 月第 1 版第 1 次印刷
开 本：186mm×240mm 1/16	印 张：12
书 号：ISBN 978-7-111-62756-2	定 价：69.00 元

凡购本书，如有缺页、倒页、脱页，由本社发行部调换

客服热线：（010）88379426 88361066   投稿热线：（010）88379604

购书热线：（010）68326294   读者信箱：hzit@hzbook.com

版权所有·侵权必究
封底无防伪标均为盗版
本书法律顾问：北京大成律师事务所 韩光 / 邹晓东

近两年，区块链技术在全球大热，作为在区块链领域具有较高知名度和丰富从业经验的专家团队，我们已经为读者推出了好几本介绍区块链技术的专著和译著。随着"区块链"从一个热门词汇逐渐蜕变，与实体经济的结合越来越紧密，我们也非常希望为读者奉献出让区块链技术真实落地的好书。

在落地过程中，区块链技术与物联网技术相结合提供了许多现实应用场景。凭借区块链技术的公开透明、安全通信、难以篡改和多方共识等特性，区块链能够构建可证可溯的电子证据存证，解决信任问题束缚，减轻物联网旧有的中心计算的压力，降低协同成本，打破物联网现存的多个信息孤岛桎梏，实现资源共享，为车联网、智慧能源等物联网创新提供了更多的可能性。

除了数字货币之处，区块链技术对实体经济有哪些有价值的场景？在技术嫁接实践中如何遵循行业规律和需求？本书的译者亲身实践了一些非常好的区块链 + 物联网应用案例，包括大米供应链溯源、智能航运、航天食品链等。无论是在美国、欧盟，还是在中国，人们对食品安全的要求都很高。区块链与物联网技术的结合恰好能解决食品链溯源过程中面临的许多挑战，像 IBM 较早在美国推出的 Food Trust 平台就帮助沃尔玛等企业实现食品的追溯和供应链管理。由于区块链技术的特点契合了传统商品溯源防伪的需求，因此区块链被业内认为是最适合溯源的技术。在商用区块链平台上，利用区块链与物联网等技术的结合，为政府和企业提供一站式的溯源服务和行业解决方案，为商品溯源带来了新的希望。国内的食品链溯源技术也日渐成熟完善，一些行业龙头科技公司已经完成了早期实践并开始参与行业标准的制定。2019 年第 2 期《经济》杂志详细报道了在北大荒幅员辽阔的黑土地上，智链万源的"智真链"正在热火朝天地帮助农场和农户通过区块链、物联网等技术和互联网的商业形态来助力真正的优质原产地大米进行追溯、树立品牌信任以及进行供应链管理。来自 IBM 等科技巨头的专家都承认，"智真链"是符合中国特色、拥有自主知识产权的"中国版 Food Trust"。随着消费者对溯源需求的不断增长以及相关政策的支持，最终会形成具有广泛共识且有激励机制的溯源生态系统。

区块链与物联网、云计算、大数据等技术结合会更快地推动区块链技术落地，使企业与企业、企业与生态、企业与政府等诸多关联主体间可以通过技术增强互信，从而实现将商业升级转化为公共服务的闭环。我们会不断地在科技领域砥砺前行，希望通过我们的努力，能够给更多的行业和技术从业者带来帮助。

感谢郭立冬、赵金彪对本书进行审校。

董宁

2019 年 4 月

区块链（blockchain）和**物联网**（Internet of Things，IoT）已被证明是当下最受欢迎的技术，虽然其使用也才刚刚开始。目前，区块链和物联网的整合已是一些大公司的优先事项之一，且少数公司已开始在一些项目中使用它来实施计划、制定解决方案。

这本书将帮助你用最佳实践案例开发区块链和物联网解决方案。

读者对象

本书主要面向负责物联网基础设施安全机制的人员，以及希望在 IBM Cloud 平台上使用区块链和物联网开发解决方案的 IT 专业人员，且必须对物联网有基本的了解。

本书内容概览

第 1 章帮你了解物联网如何成为改变游戏规则的平台，如何使用这项技术，如何在物联网世界中起步，IBM 物联网平台提供什么功能，以及在创建物联网解决方案时如何利用这些特性。

第 2 章使用平台和 Raspberry Pi 锻炼你的技能，帮你创建一个端到端物联网解决方案：一个能够使植物保持充足水分的花园浇水自动化系统。

第 3 章介绍区块链，并帮助你了解区块链如何用账本为有已知身份的授权网络记录交易。

第 4 章使用 Hyperledger Composer 创建一个区块链网络，并探讨如何创建资产、交易功能、访问控制和查询定义。

第 5 章设计和实施一套解决方案，以解决物流难题。你将能够了解到，在使用物联网和区块链解决方案过程中，食品链中的食品如何能从农场到餐桌被安全跟踪溯源。这样能够获得更多国家对该方案的支持，并在几年后推广普及这种做法。

第 6 章针对食品安全运输难题，设计解决方案架构，即使用区块链支持分布式账本网络和物联网设备需求，并实现过程跟踪。

第 7 章展示如何创建区块链和物联网集成解决方案，以解决食品安全运输问题。通过编码和测试上一章设计的组件，你将获得使用区块链和物联网平台的实践经验。

第 8 章帮助你了解行业趋势、可从物联网和区块链解决方案中创建或派生出哪些新的业务模型，以及有关这些技术的市场和技术趋势。

第 9 章帮助你理解以往类似项目的经验和场景，以及设计和开发区块链和物联网解决方案的最佳实践与经验教训。

充分利用本书

我们希望你熟悉一种编程语言，并具有为嵌入式平台（如 Raspberry Pi、Arduino、ESP8266 或 Intel Edison）开发解决方案的经验。我们将主要使用 Node.js 和 Hyperledger Composer 建模语言。入门级的 JavaScript 技能是受欢迎的。

下载示例代码及彩色图像

本书的示例代码及所有截图和样图，可以从 https://www.packtpub.com 通过个人账号下载，也可以访问华章图书官网 https://www.hzbook.com，通过注册并登录个人账号下载。

你也可以在 GitHub 上查阅本书中的代码，网址为 https://github.com/PacktPublishing/Hands-On-IoT-Solutions-with-Blockchain。如代码有更新，它将在现有的 GitHub 存储库上进行更新。

我们还在 https://github.com/PacktPublishing/ 上提供了丰富的书籍和视频目录中的其他代码包。查一下吧！

本书排版约定

本书使用了许多排版约定。

代码文本（CodeInText）：表示文本、数据库表名、文件夹名称、文件名、文件扩展名、路径名、用户输入和 Twitter 句柄中的代码。下面是一个示例："接下来，打开首选项的 IDE，创建一个新的 Node.js 项目，并安装 ibmiotf 依赖包。"

代码块如下：

```
{
  "org": "<your iot org id>",
  "id": "<any application name>",
  "auth-key": "<application authentication key>",
  "auth-token": "<application authentication token>"
}
```

当我们希望提醒你注意代码块的某个特定部分时，相关的行或项以粗体显示：

```
"successRedirect": "<redirection URL. will be overwritten by the property
'json: true'>",
"failureRedirect": "/?success=false",
"session": true,
```

任何命令行输入或输出如下所示：

```
$ npm start
> sample-device@1.0.0 start /sample-device
```

粗体：表示一个新的术语，一个重要的单词。

 这个图标表示警告或重要说明。

 这个图标表示提示和技巧。

About the Authors 作者简介

马克西米利亚诺·桑托斯（Maximiliano Santos）是位于圣保罗的 IBM Cloud
Garage（IBM 云车库）的架构师。他为银行、房地产、保险、化工和消费品行业
开发了复杂的软件架构。Max 使用 IBM Watson 的认知服务、物联网 (IoT) 平台以
及机器学习和移动应用设计解决方案。

埃尼奥·莫拉（Enio Moura）是一名企业架构师，在位于圣保罗的 IBM Cloud
Garage 担任交付主管。他在 IT 服务领域有 25 年的运营和咨询经验，在集成系
统、云计算、架构设计、区块链和基础设施解决方案方面有丰富的经验，对云应
用和移动解决方案也有深入的了解。

审稿者简介 *About the Reviewers*

Fabio Cossini 是 Avanade 公司的数字解决方案架构师，与客户合作完成应用程序现代化工作。他还是专注于数字化转型的跨行业和跨技术解决方案的技术专家和企业架构师。自 2012 年以来，他一直致力于物联网、云计算、分析、认知计算和区块链的专业与学术研究，支持公司重新定义其商业模式。

我要感谢这本书的作者。他们的工作将使那些有兴趣学习物联网和区块链的人受益匪浅。书中的技术将对塑造业务的未来有很大帮助。

Sanket Thodge 是 Pi R Square Digital Solutions Pvt 有限公司的创始人，是一名专业企业培训师，常驻印度浦那。他是《 Cloud Analytics with Goole Cloud Platform 》一书的作者，正在撰写另一本书《 Blockchain with Artificial Intelligence 》。凭借在大数据方面的专业知识，他探索了云、物联网、机器学习和区块链等技术。他在物联网领域申请了多项专利，并与众多初创企业和跨国公司合作，提供咨询和企业培训。

Xun（Brian）Wu 在区块链、大数据、云、用户界面和系统基础设施的设计与开发方面拥有超过 17 年的丰富实践经验。他是《 Blockchain By Example 》

《Hyperledger Cookbook》《Blockchain Quick Start Guide》《Seven NoSQL Databases in a Week》等书的合著者，还对超过 50 本 Packt 出版社出版的技术书籍进行了技术性审查。他曾担任多家区块链初创公司的董事会顾问，并拥有若干区块链专利。他拥有新泽西理工学院的计算机科学硕士学位。他与两个漂亮女儿 Bridget 和 Charlotte 住在新泽西州。

我要感谢我的父母、妻子和孩子的耐心和支持。

目 录 *Contents*

第 1 章 *Chapter 1*

了解物联网并在 IBM Watson 物联网平台上开发

当今世界，计算机能够处理难以想象的数据量，任何人都可以生产和销售自己的设备。正因为如此，**物联网**（Internet of Things，IoT）已经成为当前商业环境中的一个热门话题，人们之间的联系也比以往任何时候都更加紧密。

在本章中，你会看到物联网是如何改变游戏规则的，物联网产业可以做些什么。我们将研究如何在物联网世界中起步，了解 IBM 物联网平台特点，并学习如何利用该平台创建自己的物联网解决方案。

本章将讨论如下主题：

- 物联网技术。
- 物联网通用案例。
- 物联网技术要素。

- IBM Watson 物联网平台特性和功能。
- 在 IBM Watson 物联网平台上创建物联网解决方案。

1.1 什么是物联网

有很多关于物联网的定义，网络上常见的文章通常都认为它是一组通过互联网连接的各种事物，包括人、物体、计算机、电话、建筑物、动物等。

物联网这一术语是自嵌入式系统能够连接到互联网以后才开始使用的。物联网的范围也在不断扩大，从电脑、移动电话，到智能手表、恒温器和冰箱，甚至包括整条生产线。

DIY 群体进一步深化了这一变革，在世界范围内，你会发现多种通过物联网搭建的原型系统，如 Arduino、Raspberry Pi 以及其他**芯片系统**，它们价格更低廉，编程语言对用户更为友好，甚至支持图形编程。

例如，冰箱互联有哪些优点？物联网技术使得制造商能够了解用户行为，判断用户从上午 9 点到下午 6 点不在家，因为在这个时间段，冰箱门连续一个月都没有打开过。如果可据此对冰箱程序进行重新编程以减少在此期间的能耗，会怎样？如果同一家制造商查看所有此类用户数据，会怎样？结论是，通过深入了解不同群体每天如何与冰箱互动，并据此创建新的模型，这种解决方案在环保、定制化和经济性方面更具优势，而且还可以据此更新冰箱软件，使其更智能，而不必重新购买新软件。

在这种大的背景下，苹果公司也发布了 HomeKit 和 HealthKit 等物联网方案实施框架，这些框架的设计都是针对不同的应用目标，但其原理大同小异，都是通过事物互联来实现各种应用。

例如，人们可以将门窗感应器、照相机、恒温器、灯泡和锁等物体连接到互联网，然后使用 iPhone 上的 HomeKit 等 APP 在世界任何角落控制它们。这样就可以在回家的路上自动启动恒温器，或者当你在外面的时候能收到诸如开门之类的通知，它甚至可以通过与体重秤相连，告知你每天的体重。Google、亚马逊和其他公司也推出了类似实施框架。

IBM Watson 物联网平台区别于以上实施框架的是，它并不提供具体的应用，而是侧重于提供一个安全的、可扩展的、可靠的平台，作为设备和应用之间的桥梁。

1.2　物联网通用案例

冰箱是物联网在家用电器领域应用的典型案例，在本章中，我们还将讨论其他几个比较成功的物联网应用案例。

1.2.1　车互联

从自动驾驶汽车来看，汽车制造商可通过车互联了解司机驾车习惯，据此提升自动驾驶系统的人性化及安全性。

从厂商角度来看，车互联还可以提前检测出问题组件，从而提前召回，提升顾客满意度，同时降低问题组件生产成本；从车主角度来看，车互联可以监测汽车零部件磨损情况，并降低维修费。

1.2.2　人互联

人们在运动时，可通过智能手表来监测自身健康状况。存储和分析这些数据，可为医学研究提供依据，据此预测疾病，改善生活质量。

此外，健康设备互联（如体重秤、心脏监测仪和血压计）并使用区块链技术共享数据，可为每人建立统一的医疗报告。医生利用这些数据，可提升诊断准确性，也使疾病分析预测成为可能。

物联网还在 2016 年里约热内卢奥运会上发挥了重要作用。比赛中使用了许多互联设备来采集运动员运动过程的身体信息，利用这些信息可随时跟踪运动员比赛过程中的身体异常状况。也可据此研制或改进体育装备，例如自行车等，并研发新的体育项目。

以上实例说明，物联网将彻底改变我们的生活方式，我们应该对此更加关注。

1.3 物联网技术要素

物联网解决方案的实现需要一组要素，而不是仅仅依赖某些设备和应用就能实现。这些要素可为公司和员工提供更多价值。在本节中，我们将讨论这些要素中的一部分，如设备、硬件和软件，这些对于设计和实现有效的物联网解决方案至关重要。

1.3.1 设备

设备处于物联网解决方案的边缘，事实上，这些设备就是我们物联网中提到的事物，这些事物通常可以发送和接收数据信息。

举个例子，嵌入式土壤水分探测仪可监测土壤湿度，当湿度降至 43% 时，该设备会向其连接的平台发送报告，该平台存储数据的同时进行判断，并向该设备发送打开水阀的指令，以恢复土壤湿度。当然，这种交互还涉及设备相关的其他方面，这将在接下来的部分中讨论。现在，我们先看一下设备部分。

这里的设备是具有模拟或数字（或两者兼备）处理能力的计算单元，通过探测仪和执行器读取和写入模拟和数字信号来实现交互功能。

模拟信号是一种可以在一定范围内变化的信号。以 Arduino Uno 板为例，它有一个 10 位分辨率的**模数转换器**（ADC），这意味着它可以读取 $0 \sim 5V$ 之间的电压，并将它们映射到 $0 \sim 1\,023$ 之间的整数值（$2^{10} = 1\,024$）。模拟信号通常用于读取模拟传感器的数据。

数字信号是二进制信号，只有两个可能的值：0 或 1，高或低。这种信号主要用于识别或改变开关状态，例如，打开或关闭 LED 灯泡。

1.3.2　边缘计算

设备还可以自行处理一些简单任务，例如，在土壤湿度低于 50% 时，打开水阀 1 分钟，5 分钟之后再检查一次土壤湿度。

也可处理一些复杂任务，例如，确定一辆无人驾驶汽车的摄像头拍摄到的某个物体是等待过马路的行人还是一棵树。

必须获取和分析这类信息的设备不能总是依赖于网络或应用程序，如果其中一个出现问题，整个系统就会失灵。

为此，人们为这类设备提供了一种不同的能力，叫作边缘计算功能，即在解决方案的边缘（也就是设备自身）分析处理的能力。边缘计算允许设备在"脱机"状态下执行一些操作和计算，而不需要与网络连接。

设备是物联网解决方案的重要组成部分，在选择使用哪类设备时，最好的办法就是确保设备本身具备所有功能。

但由于一个物联网解决方案涉及的设备数量非常多，如果设备设计过于冗余，又会引发项目成本、耗电、连接协议、用户体验甚至解决方案复杂性等问题。

1.3.3 网络

将这些设备连接到互联网是物联网解决方案的另一重要因素，如何连接就变得至关重要。现在普遍使用的网络标准是无线（Wi-Fi）或有线网络、蜂窝/移动网络、LPWAN 和 LoRa。这些网络标准各有利弊，具体如下。

1. Wi-Fi 或有线网络

Wi-Fi（无线）是互联网上最常见的标准通信模式，它假设互联物体能够连接到 IEEE 802.x 网络，因此能够处理基于 IP 的网络。

市场上有许多具有 Wi-Fi 功能的设备，如 ExpressIf ESP-8266 和 ESP-32 模块、Texas Instruments CC3200、Microchip ATSAMW25、Intel Edison 和 Galileo 等。当然还有许多其他组合，它们整合了 Wi-Fi 控制器和微控制器（MCU）功能。

Wi-Fi 模块相对便宜，特点是能够支持较高有效载荷传输，其可靠性较高，连接速度高达 6.7 Gbps。

下图为基于 Wi-Fi 的物联网解决方案示例：

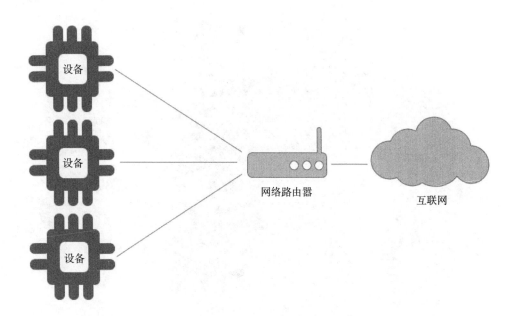

多个设备可以连接到一个节点,例如路由器上,路由器再连接到互联网,并允许连接到路由器上的设备访问互联网。

2. 蜂窝 / 移动网络

移动电话使用的网络连接即是蜂窝网络。这种网络的基本思想是将一个大的区域划分为多个小的区域,每个小区域都有一个由基站和多个收发器组成的无线网络连接,可提供语音、文本和数据传输等服务。

如果某解决方案中的设备处于 Wi-Fi 网络覆盖范围之外,例如汽车中,这种情况下可以使用移动网络。如果解决方案不能依靠用户的网络,例如,你使用的设备需要付费订阅且设备的使用依赖网络链接,那么这种情况下也需要使用移动网络。当使用付费订阅网络时,即使用户禁用网络连接,设备也可继续工作。

下图描述了标准移动网络工作情况:

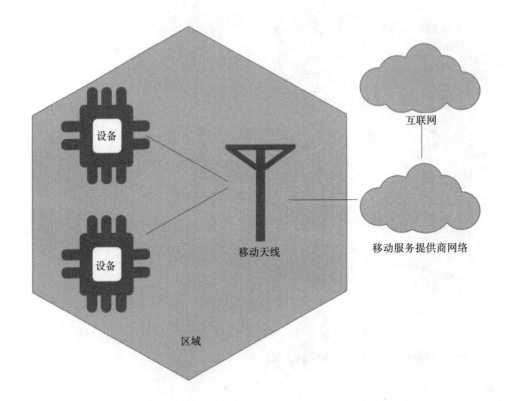

从上图可见，移动天线向一定区域提供信号，范围内的设备可通过无线网络连接到移动天线，并使用移动服务提供商提供的互联网连接等服务。

3. LPWAN

LPWAN（低功耗广域网）属于无线网络的一种，适用于远程、低比特率、数据传输量较小的网络环境。

LPWAN 主要使用低功耗、低比特率和低频设备，但在连接到事物时网络会变得非常强大。这是因为它使用的是长效电池和低功率设备。但也有许多限制，例如每天对有效载荷或传输的消息有一定限制。

较低的频率使得 LPWAN 非常可靠并且对干扰不敏感，甚至在大范围传播信息时也是如此。LPWAN 提供商通常限制网络中的信息数量。有很多 LPWAN 提供商，其中最有名的大概是 Sigfox。

LPWAN 没有从设备或网关到互联网的直接连接。相反，它们通常有预先准备好的网络，网络的一端是设备，另一端则拥有许多 Web hook 和功能，你可以在这一端连接到你的应用或平台：

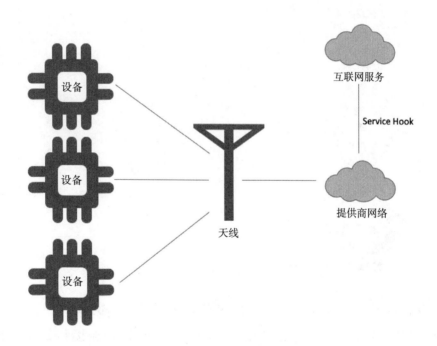

与移动网络不同的是，LPWAN 网络不提供到设备的互联网连接，而是提供方法创建从设备向网络发送的事件的触发器。举个例子，你可以在 LPWAN 供应商网络的"边缘"创建一个应用和一个链接到互联网的触发器，这样无论何时从一个设备收到数据触发事件，它就利用从设备发布的事件中得到的数据调用一个互联网上的可用服务。

4. LoRa 或 LoRaWAN

LoRa 网络图类似 LPWAN 网络，除了不使用服务提供商基础设施之外，LoRa 网络可以有一个允许设备连接到互联网的网关。负责 LoRa 网络基础设施的人是网络的所有者，这意味着不依赖网络服务提供商就可以创建自己的网络：

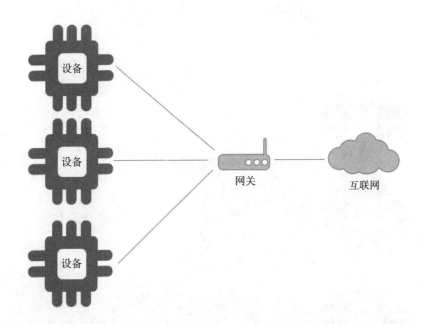

有几种技术与 LoRa 的模型相同，具有不同的协议，例如 ZigBee。Phillips Hue 使用同样的方法将灯泡、LED 条纹和其他 Hue 设备连接到 ZigBee 网关，然后再将 ZigBee 网关连接到 Hue 云。

5. 网络小结

总之，当选择网络连接时，下表可作为参考：

网络	速度	有效载荷	范围	连接方式	费用	基础设施
Wi-Fi	高	高	低	双向	低	私人 / 公共
Mobile	高	高	高	双向	高	提供商
LPWAN	低	低	高	设备	低	提供商
LoRa	低	低	高	双向	低	私人

1.3.4　应用程序协议

物联网解决方案确定了最合适的设备后，下一步就是确定用于与设备通信的协议。物联网解决方案倾向于使用轻量级协议，如 MQTT 等。这不是唯一可以在物联网中使用的协议，但是由于 IBM Watson 物联网平台依赖于 MQTT 和 REST，而且 REST 非常流行，下面看一下 MQTT。

MQTT

MQTT 代表消息队列遥测传输。它是一种基于发布和订阅模式的极其轻量级的消息传递协议。与任何消息队列模型一样，它是一个异步协议。

如下图所示，发布和订阅（pub/sub）模型依赖于三个要素：

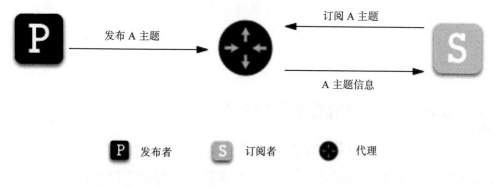

这三个要素情况如下：

- **发布者**是生成任何内容并将其发布到指定主题的参与者。
- **订阅者**是事件使用者。订阅者订阅其感兴趣的主题，并在发行者每次为其订阅创建发布时获取发布的事件。
- **代理**负责接收发布物并将感兴趣的主题通知订阅者。

现在让我们继续讨论下一个重要的技术元素。

1.3.5　分析与人工智能

在物联网解决方案中分析软件或人工智能软件组件并非不可缺少，但如果使用它们处理从设备收集的数据，则可提前预警设备故障，也可更好地理解用户行为等。

例如，通过一组节能洗衣机捕获的数据可能会发现，该设备能耗比想象中要多。根本原因是由于缺乏润滑剂，因为现有润滑剂量对于非热带国家的发动机是不够的。

据此，再将这些信息与销售数据一并分析，发现大约 8 个月前欧洲售出了100 万台此类洗衣机。对于洗衣机制造商，可从洗衣机必须更换备件的早期运费中获益；还可以为其供应商提供润滑剂需求预测数据；也可根据此数据分析进行新产品设计。

1.4　IBM Watson 物联网平台特性

IBM Watson 物联网平台是连接各类应用、设备、网关、事件处理和管理任务等物联网解决方案的纽带，它支持 REST 和 MQTT 协议，可以在 IBM Cloud 平台（以前的 IBM Bluemix）上使用。IBM Cloud 平台是一个基于 Cloud

Foundry 和 Kubernetes 的云平台。

本节我们将讨论 IBM Watson 物联网平台的以下主要特性：

- 仪表盘。
- 设备、网关和应用。
- 安全性。

开始啦！

1.4.1　仪表盘

当访问 IBM Watson 物联网平台时，将首先看到商业智能仪表盘。这个仪表盘可以由许多仪表盘和卡片组成，为物联网解决方案提供了一些可视化形式：

研究一下这个屏幕上的仪表盘和卡片，以熟悉界面。

1.4.2　设备、网关和应用

　　该平台中的另一个功能是设备管理控制。这一功能可以创建和删除设备、网关、应用和设备类型，还可以对设备进行检查和启动操作，例如固件升级请求或重置：

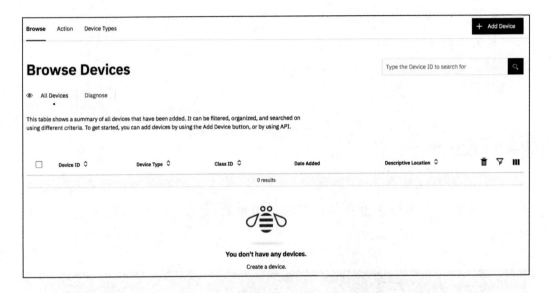

　　你还可以创建 API 密钥，以便其他应用可以连接到物联网，并与解决方案的其他组件进行交互。

1.4.3　安全性

　　还可利用 IBM Watson 物联网平台保障解决方案的安全性。包括创建设备连接策略、设备 IP 地址白名单和黑名单，或者查看一些国家的相关规定。你还可以对物联网解决方案管理员进行授权。

1.5　创建你的第一个物联网解决方案

　　本章前几节没有对设备和应用进行深入剖析，要理解它们在物联网解决方案中的作用，还需要举些例子。

这里的场景是，有一台**设备**连接到 IBM Watson 物联网平台，设备发送时间戳作为数据，还用到一个**应用**，该应用使用 Node.js 将数据打印到 stdout：

改进一下，在解决方案中增加一个网关，如下图所示：

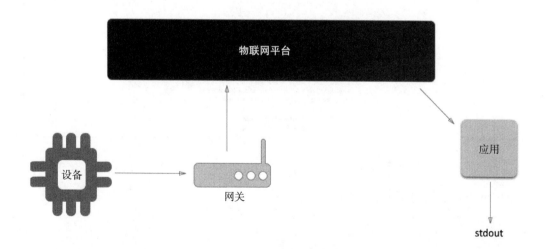

总而言之，网关连接与设备连接的不同之处在于，你可以使连接到物联网

平台的设备更加抽象化或专业化，是否增加网关还要取决于这样做是否能够使解决方案更简单、成本更低或者带来其他便利。

1.5.1 创建网关

创建网关的首要任务就是创建一个物联网机构。如果你没有 IBM ID 和 IBM Cloud 账户，注册过程也非常直观，只需几分钟。如果你已经拥有 IBM ID 和 IBM Cloud 账户，请访问 http://bluemix.net 的 IBM Cloud 平台。首先，登录并为本书中的练习创建一个新空间。

登录到 IBM 云平台并访问指定空间后，选择 Creat resource 选项以访问服务目录：

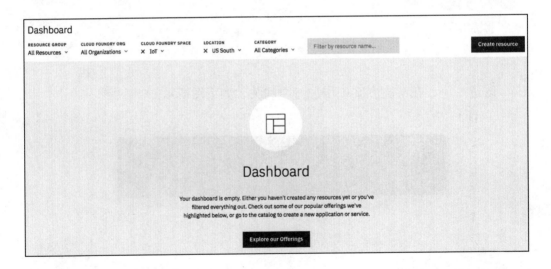

在菜单中选择 Internet of Things，并创建一个名为 Internet of Things Platform 的服务，然后选择 Create 选项：

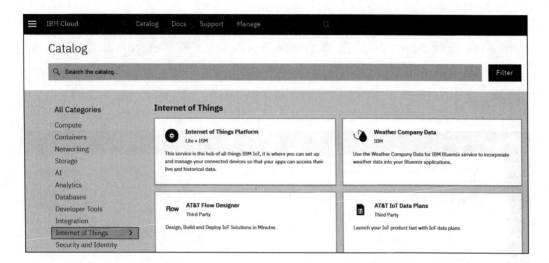

创建完成之后，选择 Launch 选项，访问这个物联网平台：

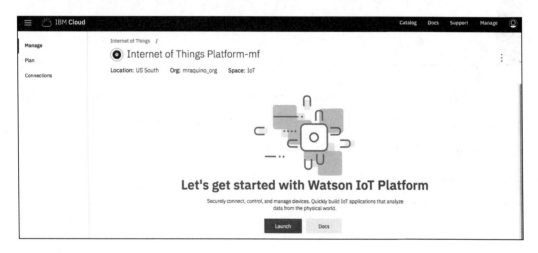

此物联网平台网址是：https://xxxxxx.internetofthings.ibmcloud.com/。

这里，xxxxxx 是你的机构 ID，整个过程中都要使用它。

1.5.2　创建应用

创建应用就是允许实际的应用或服务连接到指定的 Wastson 物联网平台机构。

1. 为了做到这一点，可以通过 IBM Cloud 仪表盘访问物联网平台，从旁边的菜单选择 App，然后选择 Generate API key，在 Description 字段填写：`Hands-On IOT Solutions with Blockchain-Chapter 1 App`。最后，单击 Next：

2. 在下拉列表中选择 Standard Application，并单击 Generate Key。你将获得一个 API 密钥和身份验证令牌。以表格形式记录这些内容，如下所示，因为你需要使用这些信息才能连接到应用程序：

API 密钥	身份验证令牌

3. 接下来，打开首选项的 IDE，创建一个新的 Node.js 项目，并安装 `ibmiotf` 程序包：

```
npm install ibmiotf --save
```

4. `package.json` 文件大致如下所示：

```
{
  "name": "sample-application",
  "version": "1.0.0",
  "description": "Hands-On IoT Solutions with Blockchain - Chapter
1 App",
  "main": "index.js",
  "scripts": {
    "start": "node .",
    "test": "echo \"Error: no test specified\" && exit 1"
  },
  "author": "Maximiliano Santos",
  "license": "ISC",
  "dependencies": {
    "ibmiotf": "^0.2.41"
  }
}
```

5. 现在，创建一个名为应用 `application.json` 的文件，内容如下：

```
{
  "org": "<your iot org id>",
  "id": "<any application name>",
  "auth-key": "<application authentication key>",
  "auth-token": "<application authentication token>"
}
```

6. 创建一个名为 `index.js` 的文件，并添加以下内容：

```
var Client = require("ibmiotf");
var appClientConfig = require("./application.json");

var appClient = new Client.IotfApplication(appClientConfig);

appClient.connect();

appClient.on("connect", function () {
  console.log("connected");
});
```

7. 通过运行 `npm start` 命令来测试应用：

```
$ npm start
> sample-application@1.0.0 start /sample-application
```

```
> node .
connected
```

祝贺你，你刚创建了连接到 IBM Watson 物联网平台的应用。

8. 现在，更新 index.js，使其具有以下内容：

```
var Client = require("ibmiotf");
var appClientConfig = require("./application.json");

var appClient = new Client.IotfApplication(appClientConfig);

appClient.connect();

appClient.on("connect", function () {
  appClient.subscribeToDeviceEvents();
});

appClient.on("deviceEvent", function (deviceType, deviceId,
payload, topic) {
  console.log("Device events from : " + deviceType + " : " +
deviceId + " with payload : " + payload);
});
```

现在，每当设备发布事件时，都会将事件打印到 stdout。在下一节中，我们将创建一个设备来发布事件。

1.5.3 创建设备

在本节中，你将执行类似的步骤，创建一个连接到 IBM Watson 物联网平台并发布事件的假设备（fake device）。

1. 按照安装步骤创建物联网平台服务，在菜单中选择 Devices，然后选择 Add Device。创建名为 DeviceSimulator 的设备，并在 Device ID 字段中填写 DeviceSimulator01。

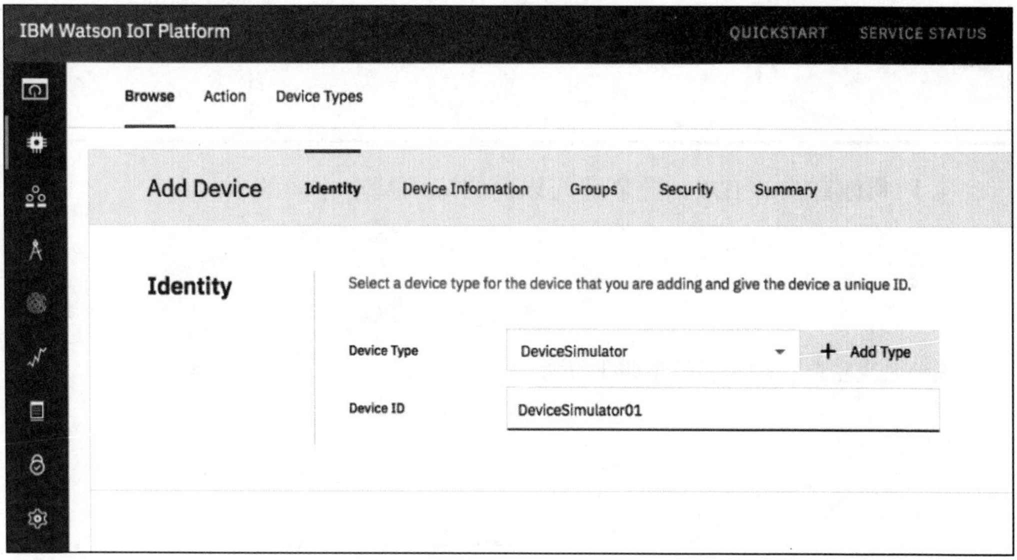

2. 因为它只是一个模拟器，所以只需单击 Next，直到你到达向导的末尾：

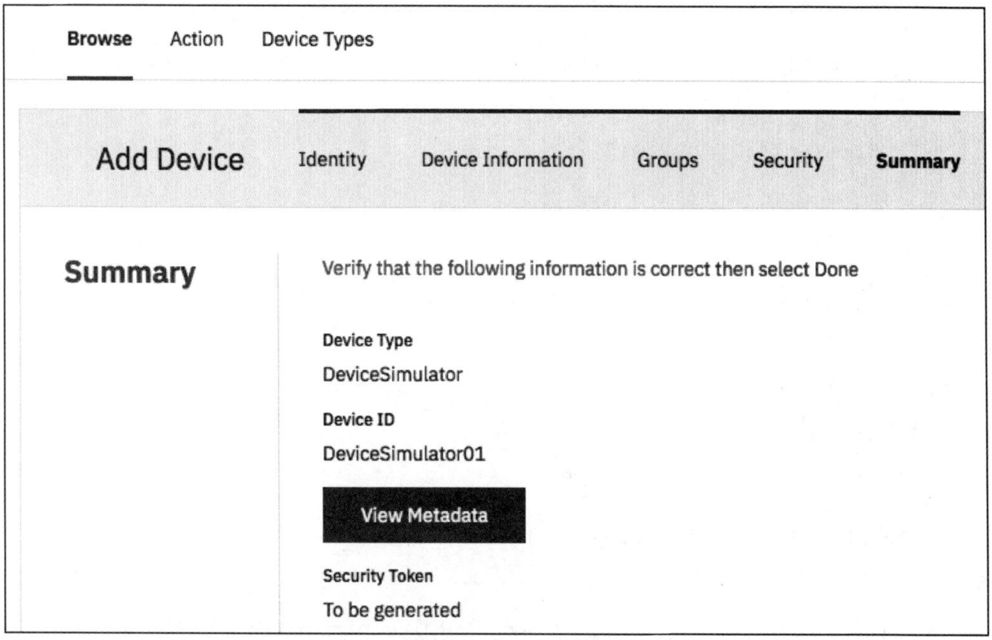

3. 注意生成的设备凭据格式如下：

设备类型	设备 ID	验证方法	验证令牌

4. 回到你喜欢的 IDE，并创建与以前的应用基本相同的项目：

```
npm install ibmiotf --save
```

5. package.json 文件如下所示：

```
{
  "name": "sample-device",
  "version": "1.0.0",
  "description": "Hands-On IoT Solutions with Blockchain - Chapter
1 Device",
  "main": "index.js",
  "scripts": {
    "start": "node .",
    "test": "echo \"Error: no test specified\" && exit 1"
  },
  "author": "Maximiliano Santos",
  "license": "ISC",
  "dependencies": {
    "ibmiotf": "^0.2.41"
  }
}
```

6. 创建一个名为 device.json 的文件，内容如下：

```
{
  "org": "<your iot org id>",
  "type": "DeviceSimulator",
  "id": "DeviceSimulator01",
  "auth-method" : "token",
  "auth-token" : "<device authentication token>"
}
```

7. 创建一个名为 index.js 的文件，并添加以下内容：

```
var iotf = require("ibmiotf");
var config = require("./device.json");

var deviceClient = new iotf.IotfDevice(config);

deviceClient.log.setLevel('debug');

deviceClient.connect();

deviceClient.on('connect', function(){
  console.log("connected");
});
```

8. 可以通过运行 npm start 命令来测试设备模拟器：

```
$ npm start
> sample-device@1.0.0 start /sample-device
> node .
[BaseClient:connect] Connecting to IoTF with host :
ssl://3nr17i.messaging.internetofthings.ibmcloud.co
m:8883 and with client id :
d:3nr17i:DeviceSimulator:DeviceSimulator01
[DeviceClient:connect] DeviceClient Connected
connected
```

9. 现在，更新代码，将具有当前时间的事件发送到物联网平台服务：

```
var iotf = require("ibmiotf");
var config = require("./device.json");

var deviceClient = new iotf.IotfDevice(config);

deviceClient.log.setLevel('debug');

deviceClient.connect();

deviceClient.on('connect', function() {
  console.log("connected");
  setInterval(function function_name () {
    deviceClient.publish('myevt', 'json', '{"value":' + new Date()
+'}', 2);
  },2000);
});
```

10. 再次运行 npm start，每 2 秒设备将发送一个事件到 Watson 联网平台。你可以检查应用的日志，看看它是否收到了事件，如下所示：

```
Device Event from :: DeviceSimulator : DeviceSimulator01 of event
myevt with payload : {"value":Sun May 20 2018 21:55:19 GMT-0300
(-03)}
Device Event from :: DeviceSimulator : DeviceSimulator01 of event
myevt with payload : {"value":Sun May 20 2018 21:55:21 GMT-0300
(-03)}
Device Event from :: DeviceSimulator : DeviceSimulator01 of event
myevt with payload : {"value":Sun May 20 2018 21:55:23 GMT-0300
(-03)}
Device Event from :: DeviceSimulator : DeviceSimulator01 of event
myevt with payload : {"value":Sun May 20 2018 21:55:25 GMT-0300
(-03)}
```

再次祝贺你，你的设备模拟器现在正在发布事件，你的应用正在接收它们！

1.6　小结

在本章中，我们概述了物联网环境，学习了物联网解决方案技术要素，还研究了不同类型的网络特点、选择设备时需要注意的重要事项，以及如何创建连接到 IBM Watson 物联网平台的设备和应用。在下一章中，我们将通过创建一个简单花园浇水系统来提高开发技能。

1.7　补充阅读

可以在 IBM Watson 物联网平台文档中查阅使用其他语言，如 Python、Java、C++ 和 C# 的案例，链接为 :https://console.bluemix.net/docs/services/IoT/getting-started.html#getting-started-with-iotp。

第 2 章 *Chapter 2*

创建物联网解决方案

在上一章中，我们探讨了物联网和 **IBM Watson** 物联网平台。我们还创建了一个简单的解决方案。在本章中，我们将再创建一个端到端解决方案，从设备选择到创建设备固件和应用，最终实现给花园浇水的自动控制系统。

本章将讨论如下主题：

- 理解如何创建解决方案。
- 创建一个连接设备。
- 创建一个连接到平台的简单应用。
- 发布和处理设备事件。
- 向设备发布行动。
- 如何获取帮助。

2.1 技术要求

完整的解决方案代码在 ch2 文件夹中，网址：https://github.com/PacktPub-lishing/Hands-On-IoT-Solutions-with-Blockchain.git 存储库。

确定你已经安装了 Cloud Foundry CLI 和 Bluemix CLI，这些命令行接口的安装过程详见网址 https://console.bluemix.net/docs/cli/index.html#overview。

2.2 园艺解决方案

浇水系统是物联网 DIY 群体常用案例。我们也把它作为我们在 IBM Watson 物联网平台启程的案例。

2.2.1 需求概述

好的解决方案可以真正解决人们的问题，让我们从对实际问题的了解开始我们的解决方案：

John 是个商人，一个人住在城里的一间公寓，一周要出差 3 ～ 4 天。在不旅行或不工作的时候，John 喜欢照顾他的植物。然而，由于他每周有半个星期不在家，又要保证他的花园健康和美丽，John 必须费一番脑筋。

John 给花园安装了自动浇水系统，但是该系统还存在一些问题：要么是系统在天气炎热或干燥的时候没有给植物浇足够的水，要么是在天气好的时候水浇多了。

John 想知道是否有办法控制浇水时间，即只有植物达到一定的土壤水分条件时或者当他认为有必要时，系统才给他的植物浇水。

2.2.2　解决方案概览

下图展示了为解决 John 的问题而开发的解决方案：

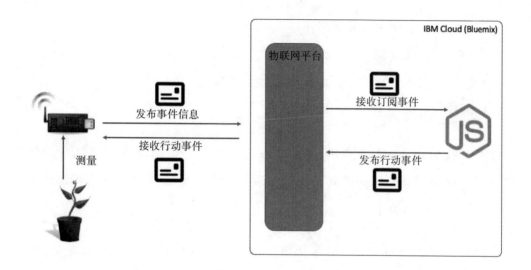

给 John 的花园增加一台联网设备，该设备按照设定的程序对土壤湿度和周围环境温度进行测量，并将事件发布给 IBM Watson 物联网平台，设备还能通过订阅触发器发布指令。

在 IBM Cloud（Bluemix）上事先部署的应用程序将对 John 花园设备发送过来的数据进行判断，每当达到配置的最低土壤湿度水平或较高的温度阈值时，该应用都会发送一个操作命令，在一定时间内为植物浇水。

2.2.3　设备选择

根据上一节的方案设计，该项目所选用的设备必须具有如下功能：

- 能够测量土壤湿度（模拟探测仪很适合这种方法）。
- 具有人机交互能力（这样用户就可以在他觉得有必要的时候给花园浇水）。

- 能够对土壤湿度进行监测（可配置的规则）。

要实现该解决方案，还要满足如下条件：

- 用户能够提供 Wi-Fi 网络连接。
- 为系统提供电源。
- 该系统仅供公寓使用，因此无须远程连接。
- 搭载的容量与 Wi-Fi 连接无关。

由于我们是在创建实际的设备之前进行原型化，所以可利用现有原型平台快速建立连接和测试。为此，我们可使用功能比较强大且实现模块化的平台 Intel Edison 和 Grove。

我们将寻找具有 Wi-Fi 连接和模拟传感器连接的设备、土壤湿度传感器、土壤温度传感器和水电磁阀等，该解决方案的具体设备列表如下：

数量	组件
1	Intel Edison 模块
1	Intel Edison Arduino 拓展板
1	Grove base shield v2
1	Grove 土壤湿度传感器
1	Grove 温度传感器 v1.2
1	Grove 继电器模块
1	Grove 按钮模块
4	Grove 通用 4 脚电缆
1	12V 水电磁阀
1	12V 2A 电源
2	跨接电缆（公对公）

下图概述了在设备列表中指定的设备，但设备的形状和颜色只供参考，可能会因供应商、版本或其他特性而有所不同：

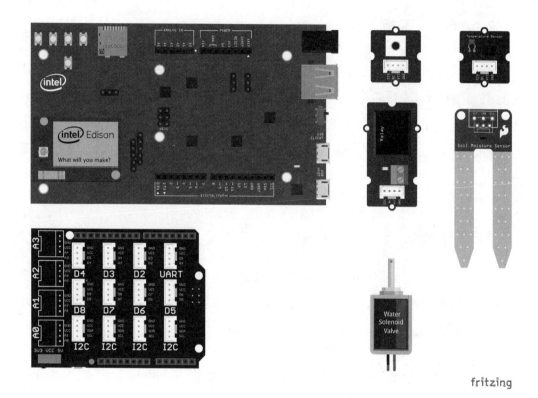

该图像在 Fritzing 中创建，并获得了 CC BY-SA 3.0 的许可，
参见 https://creativecommons.org/licenses/by-sa/3.0/

下面我们快速浏览一下列表中的设备

1. Intel Edison 系统

Edison 是一个**芯片系统**，基于英特尔 x86 架构，具有专门为物联网应用设计的嵌入式蓝牙 4.0 和 Wi-Fi。Edison 运行名为 Yocto 的 Linux 发行版，支持 Python、Node.js、C 和 C++ 等许多平台，还有用于使用 Arduino IDE、Eclipse 和 Intel XDK 开发解决方案的插件。

2. Arduino 拓展板

Intel 公司发布了 Edison 系统的 Arduino 扩展板（breakout board），其中用到的引脚接口（pin interface）与 Arduino 模块用到的引脚接口标准一致，且与多种 Arduino shield 扩展版兼容。可以使用标准 Arduino IDE、兼容库、连接器和 shield，因此 Intel Edison Arduino 扩展板是一款非常好的 Arduino 原型操作平台接口。

3. Grove 系统

Grove 包含一系列组件和 shield，它创建了标准化的模块化平台，其中包含由 SeeeD 创建的原型解决方案的构建块。有许多可用的原型，包括可以在互联网上使用的 Grove 平台的工作代码，特别是 DIY 社区站点上。

Grove 系统为市场上大量采用的平台提供了 shield，例如 Arduino、Raspberry Pi 和 BeagleBone。可以在互联网上找到与计算模块、面包板、Grove 模块和备件捆绑在一起的包。

注意，并非每个传感器都与每个平台兼容，因为某些平台缺乏某些功能。例如，Raspberry Pi 不提供模拟接口，因此通过模拟接口连接的传感器与其不兼容。

让我们看看将作为这个物联网解决方案的一部分使用的 Grove 组件。

（1）Arduino Grove 面包板

在本项目中，我们将使用 Arduino Grove 面包板（base shield），它提供了一个接口，用于 Grove 标准的连接器，以将 Grove 模块连接到 Arduino 引脚接口。

它提供 4 个模拟接口、4 个 I2C 接口、7 个数字接口和 1 个 UART 接口。

（2）Grove 传感器

在本项目中，我们将使用两种不同类型的传感器：土壤湿度传感器和环境温度传感器。

土壤湿度传感器是模拟探测仪，提供土壤电阻测量，我们稍后将在本章中解释。温度传感器建立在热敏电阻基础上，其技术指标和计算方法在 2.3.2 节也有详细的介绍。

两个传感器都使用标准 Grove 连接器电缆，该电缆提供 VCC、GND 和到探测仪的数据连接。

（3）Grove 按钮

这个按钮与传感器一样连接到计算模块，但提供了开路或闭路状态，由按钮控制。

它可以有不同的解释：当按钮被按下时，连接被中断，这意味着它在按钮没有按下的时候可以继续做一些事情；或者当按钮被按下时，连接被激活，这意味着它只在按钮被按下之后才会做一些事情。

（4）Grove 继电器

继电器模块连接到标准的 Grove 接口，由于其不提供读数功能，所以被归为执行器。

其他执行器模块，如 LED、显示器、电机驱动器和蜂鸣器等，用于执行操作，而不是读取状态。继电器模块也有两种状态，开路或闭路，这意味着继电器的输入连接没有连接到输出端。

我们对各部分的介绍到此结束，下面继续讨论解决方案中的下个步骤。

2.2.4 设备布线

要组装硬件，我们需要正确地将传感器探测仪连接到处理单元，即 Intel Edison 模块。Grove 模块使连接非常简单，如以下步骤所示：

1. 使用 Grove 通用电缆：

- 将 Grove 湿度传感器连接到面包板的 A0 连接插孔上。
- 将 Grove 温度传感器连接到面包板的 A3 连接插孔上。
- 将 Grove 继电器模块连接到面包板的 D2 连接插孔上。
- 将 Grove 按钮模块连接到面包板的 D3 连接插孔上。

2. 使用跳线：

- 将电磁阀的 V+ 端连接到外接 12 V 电源。
- 将外部 GND 引脚连接到面包板中的 GND 引脚上。
- 将继电器连接到 GND 引脚上。
- 将电磁阀 GND 端子与一个继电器模块连接上。

下图显示了正确的连接方式：

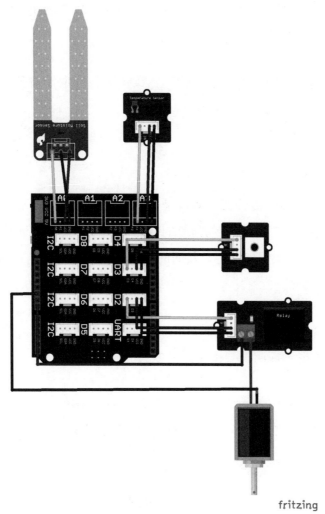

该图像在 Fritzing 中创建，并获得了 CC BY-SA 3.0 的许可，

参见 https://creativecommons.org/licenses/by-sa/3.0/

2.3　对设备固件进行编码

接下来，我们将创建一个设备应用（固件）来读取传感器数据并将其发送到指定的应用程序。在上一章中，我们使用 Node.js 从设备模拟器发布事件，现在

我们将使用这个方法来利用上一章的代码。记住，这个解决方案的目的是在温度高或土壤湿度太低时给植物浇水。

下一节将展示创建固件所需的代码，该代码将读取所有传感器数据并将事件发布到 IBM Watson 物联网平台。

2.3.1　测量土壤湿度

在本项目中采用的传感器探测仪是一种电阻式传感器，它测量通过传感器探测仪的电流。它有两个被物理分离的探测仪，一个连接到正极，另一个连接到 GND 端。当两个探测仪由一个共同的表面连接时，它将测量通过该表面的电流并给我们一个读数。

在我们的案例中，探测仪接触土壤时会测量流过的电流。当土壤湿度增加后会变得更易导电，探测仪会探测到更多的电流。

Arduino 拓展版中的 Intel Edison 模数转换器（ADC）有 12 位分辨率，但是通过软件限制为 10 位分辨率。如果我们将此作为测量的基础，我们将得到以下对读数的理解：

$$2^{10} = 1\ 024$$

这意味着我们的读数范围是 0 ～ 1 023，其中 0 表示根本没有水，1 023 表示 100% 的水。当然由于土壤中矿物质等杂质的存在，会影响读数。但在本方案中，我们暂且忽略这一因素，假设土壤湿度测量是准确的。当它完全干燥时，其测量值是 0%，如果是一杯水，其测量值是 100%。

下面代码目标是每 2 秒读取一次土壤湿度传感器：

```
var mraa = require('mraa');
var pin0 = new mraa.Aio(0);
var getSoilMoisture = function() {
  var sensorReading = pin0.read();
  return sensorReading;
};
setInterval(function() {
  console.log("Current Moisture " + getSoilMoisture());
},2000);
```

要运行代码，请在 Edison 的 SSH 控制台中输入 npm start。

为了测试，我们先看看输出到控制台的传感器读数，并对这些数据有一定了解：

```
[root@edison-iot:~/iot# npm start

> iot@1.0.0 start /home/root/iot
> node .

Current moisture 256
Current moisture 307
Current moisture 302
Current moisture 303
Current moisture 299
Current moisture 298
Current moisture 304
Current moisture 301
Current moisture 306
Current moisture 301
Current moisture 305
Current moisture 305
Current moisture 301
Current moisture 302
Current moisture 304
Current moisture 305
Current moisture 300
```

0 代表土壤湿度为 0%，1 023 代表土壤湿度为 100%，利用程序中的样本测量值这样计算：

$$百分比 = \frac{读数}{最大值} \times 100 \qquad 或 \qquad 百分比 = \frac{读数}{1\ 023} \times 100$$

利用前面的公式，将测量值转换为百分比值，如下所示：

读数	温度
256	25.02%
307	30.00%
302	29.52%
303	29.61%
299	29.22%
298	29.13%

2.3.2 检测环境温度

类似于前面的代码块（更复杂一些），温度传感器返回传感器的模拟读数。

关于制造商如何读取传感器见网址：http://wiki.seeedstudio.com/Grove-Temperature-Sensor_V1.2/，我们会发现传感器 v1.2 带有一个值为 4 250 的热敏电阻和一个 100 k 的电阻。

因此，使用该传感器计算温度值的公式如下：

$$温度 = \frac{1}{\dfrac{\log\left(\dfrac{(传感器读数 -1 \times 电阻值)}{电阻值}\right)}{热敏电阻值 +1}} -273.15$$

$$\frac{}{298.15}$$

下面的代码将根据传感器的读数每 2 秒给出一次温度：

```
var mraa = require('mraa');
var pin3 = new mraa.Aio(3);
var RESISTOR = 100000;
var THERMISTOR = 4250;
```

```
var getTemperature = function() {
  var sensorReading = pin3.read();
  var R = 1023 / sensorReading - 1;
  R = RESISTOR * R;
  var temperature = 1 / (Math.log(R/RESISTOR)/THERMISTOR+1/298.15)-273.15;
   return temperature;
};
setInterval(function() {
  console.log("Current Temperature " + getTemperature());
},2000);
```

此代码的输出如下所示：

```
[root@edison-iot:~/iot# npm start

> iot@1.0.0 start /home/root/iot
> node .

Current Temperature 11.675092536719035
Current Temperature 10.923006601697807
Current Temperature 11.006864299358028
Current Temperature 11.090646733903895
Current Temperature 11.425042046824103
Current Temperature 10.923006601697807
Current Temperature 11.090646733903895
Current Temperature 11.25798946566158
Current Temperature 11.425042046824103
```

这些读数主要通过 SSH 控制台被记录下来。

2.3.3　打开继电器

最后，由于我们希望开关继电器来控制水的流动，在 1 秒后打开水和 2 秒后关闭水的代码如下：

```
var mraa = require('mraa');
var pinD2 = new mraa.Gpio(2);
pinD2.dir(mraa.DIR_OUT);
```

```
setTimeout(function() {
  pinD2.write(1);
  setTimeout(function() {
    pinD2.write(0);
  },2000);
},1000);
```

延迟 1 秒后，你将看到 D3 继电器模块启动，你也将听到一个点击。这意味着继电器连接被关闭，2 秒后它将关闭并打开连接。

2.3.4　发布事件

在本章，我们已经研究了 Node.js 脚本，该脚本能够同时读取土壤湿度和温度，我们还研究了可以打开和关闭让水流向植物的继电器的代码。

现在的目标是将这两个值发布到 IBM Watson 物联网平台。

如上一章所示，有必要创建一个设备并记录凭证，以便我们可以使用它们将设备连接到平台。下面代码执行常规事件的发布：

```
var iotf = require("ibmiotf");
var mraa = require('mraa');
var config = require("./device.json");
var deviceClient = new iotf.IotfDevice(config);
var temperatureSensor = new mraa.Aio(3);
var moistureSensor = new mraa.Aio(0);
var RESISTOR = 100000;
var THERMISTOR = 4250;
var getTemperature = function() {
 var sensorReading = temperatureSensor.read();
 var R = 1023 / sensorReading - 1;
 R = RESISTOR * R;
 var temperature = 1 / (Math.log(R/RESISTOR)/THERMISTOR+1/298.15)-273.15;
 return temperature;
};
var getSoilMoisture = function() {
 var sensorReading = moistureSensor.read();
 return sensorReading;
};
deviceClient.connect();
deviceClient.on('connect', function(){
```

```
console.log("connected");
setInterval(function function_name () {
deviceClient.publish('status', 'json', '{ "temperature": ' +
getTemperature() +', "soilMoisture": ' + getSoilMoisture() + '}', 2);
},300000);
});
```

脚本启动后，它们将从 device.json 文件加载配置，连接到 IBM Watson 物联网平台，然后每 5 分钟发布一次包含当前土壤湿度和温度的事件。

2.3.5　监测事件

查看设备发布数据的最简单方法是使用板卡。如果在创建卡时保持设备脚本运行，它将从设备发布的数据结构中获取值。

1. 若要创建卡，请访问 IBM Watson IoT Platform 控制台并选择左侧菜单中的面板：

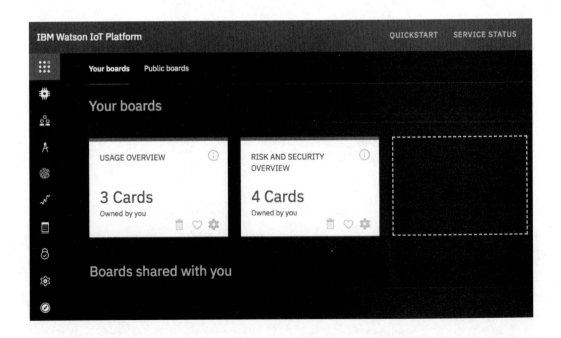

2. 在页面右上方，选择 +Create New Board，按照提示填写信息。大多数必须提供的信息是杂乱无章的，但要确保它对目标用户是有意义的。在这里创建的板是用来显示植物监测读数的：

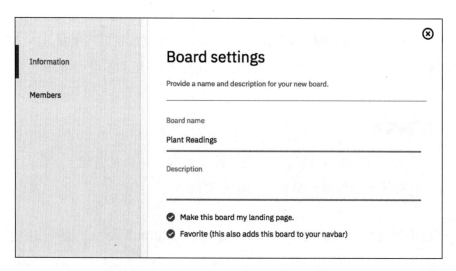

板是一组相关的卡片，卡片是设备向平台发布的一组相关值。

3. 选择创建的板，并通过选择 +Add New Card 创建卡片。

4. 选择 Line chart 设备可视化按钮，创建设备：

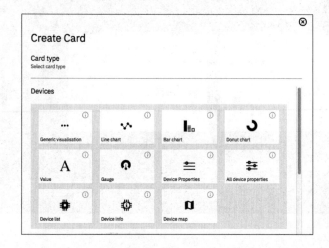

5. 在选择 Line chart 卡片之后,需要为事件创建数据源。将创建的设备作为卡片的数据源。数据源,顾名思义,就是信息的来源,可以用它和从设备上收集的度量来填充表格:

6. 在对数据源进行选择处理之后,有必要对将要绘制在图表上的指标进行选择。如果设备已经向 IBM Watson 物联网平台发布了一些事件,则可以使用度量名称进行选择编辑。另一方面,如果以前从未运行过设备代码,则需要提供度量名称。建议至少在创建图表之前测试设备代码以避免出错。

7. 在正在开发的解决方案中,我们希望卡片在线条图中同时绘制并跟踪。将每个度量与其对应的单位、最大值和最小值相加。对于土壤水分,我们使用百分比,所以单位分别为 % 的最小值和最大值分别为 0 和 100:

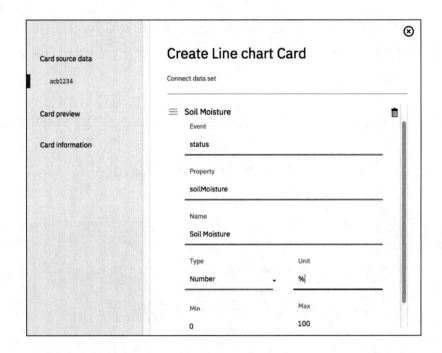

8. 温度以摄氏度为单位，最小和最大值分别为 0 和 100：

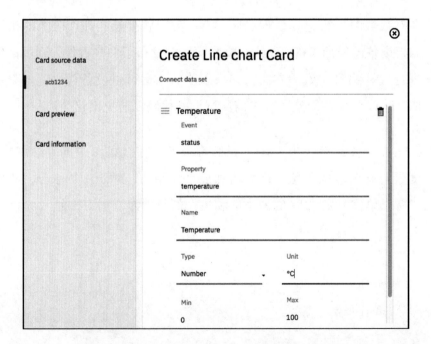

9. 选择喜欢的卡片大小，并为其命名，并创建它。现在，已发布的数据可以可视化了：

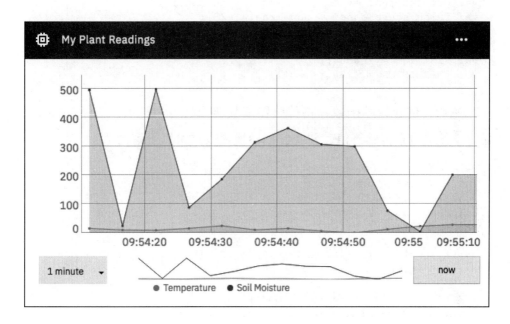

可以按照时间线验证植物设备传输的测量结果。还可以改变图中的时间线。

2.3.6　订阅行动

发布设备事件之后，该定义设备操作了。在案例中，解决方案用户 John 希望在监测到土壤湿度阈值时，系统能够给他的植物浇水。

水流量由电磁阀控制，电磁阀由继电器模块开启和关闭。下面的代码是对以前的代码的更新，包括订阅植物浇水操作，这将打开阀门 1 分钟。

1. 首先导入所有包依赖项，用预定义的值定义电阻和热敏电阻常数，然后从 device.json 加载配置：

```
var iotf = require("ibmiotf");
var mraa = require('mraa');
var config = require("./device.json");
var deviceClient = new iotf.IotfDevice(config);
var temperatureSensor = new mraa.Aio(3);
var moistureSensor = new mraa.Aio(0);
var relayControl = new mraa.Gpio(2);
var RESISTOR = 100000;
var THERMISTOR = 4250;
```

2. 然后，创建帮助函数，将传感器读数转换为可用的值。以下功能负责从实际的设备中检索传感器值，并将它们转换为人类可以理解的值：

```
var getTemperature = function() {
  var sensorReading = temperatureSensor.read();
  var R = 1023 / sensorReading - 1;
  R = RESISTOR * R;
  var temperature = 1 /
(Math.log(R/RESISTOR)/THERMISTOR+1/298.15)-273.15;
  return temperature;
};
var getSoilMoisture = function() {
  var sensorReading = moistureSensor.read();
  return sensorReading;
};
```

3. 下一步是创建一个激活电磁阀的辅助函数，等待所要求的时间（seconds ToWater 变量的值），然后关闭阀门以便停止浇水：

```
var waterPlant = function(secondsToWater) {
  relayControl.write(1);
  setTimeout(function() {
    pinD2.write(0);
  },secondsToWater * 1000);
```

4. 连接到 IBM Watson 物联网平台并创建一个发布函数，它将每 5 分钟将事件发布到平台上：

```
deviceClient.connect();
deviceClient.on('connect', function(){
  console.log("connected");
```

```
setInterval(function function_name () {
    deviceClient.publish('status', 'json', '{ "temperature": ' +
getTemperature() +', "soilMoisture": ' + getSoilMoisture() + '}',
2);
    },300000);
});
```

5. 并创建订阅 water 事件的函数，触发 water Plant 功能：

```
deviceClient.on("command", function
(commandName,format,payload,topic) {
    if(commandName === "water") {
        var commandPayload = JSON.parse(payload.toString());
        console.log("Watering the plant for " + commandPayload.duration
+ " seconds.");
        waterPlant(commandPayload.duration);
    } else {
        console.log("Command not supported.. " + commandName);
    }
});
```

按照用户 John 的需求所进行的设备固件编码结束。

2.4 创建后端应用

设备固件安装完成以后，主要进行应用程序开发，应用程序负责处理设备事件并发送命令，以便 John 的花园可以一直保持一定湿度。

应用程序代码将在 IBM Cloud 平台（Bluemix）上运行。由于这只是一个应用示例，我们将使用环境变量来存储参数（温度和土壤湿度阈值）。

2.4.1 在 IBM Cloud 平台上创建 Cloud Foundry 应用程序

1. 要在 IBM Cloud 中创建应用程序，请访问 https://console.bluemix.net，选择 Createre source 选项并在左侧菜单中选择 Cloud Foundry Apps，然后为

Node.js 选择 SDK。完成此操作后，给应用程序命名并创建运行：

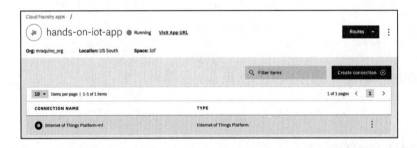

2. 应用程序创建完成后，选择左侧菜单栏的 Connections 选项，创建一个到物联网服务的连接：

3. 创建与 IBM Watson 物联网平台机构的连接后，选择左侧菜单中的 Runtime 选项，然后选择 Environment Variables。在屏幕底部，添加两个 User defined 变量，`MINIMUM_MOISTURE` 值填写 `300`，`MAXIMUM_TEMPRATURE` 值填写 `50`：

上一章中我们使用了一个 JSON 文档储存配置，但是本章不同，我们现在所需的配置是上一章中已经存储的配置，目前需要的唯一配置是 VCAP_ SERVICES 及其环境变量。这些变量可以通过缺省库包的代码来访问，同时，在 Node.js 中有很多"加速器"，这些"加速器"将有助与访问 Cloud Foundry 环境相关的设备，例如：在下一章中使用的代码展示的 cfenv 模块。

2.4.2　上传代码

我们要将应用部署到 Cloud Foundry 环境中，而重要的是要了解，Cloud Foundry 容器希望发布一个 HTTP 端口，所以即使没有使用容器露出 HTTP 资源接口，我们也要开启 Express JS 服务器。

以下代码处理从设备接收的事件，并在满足条件时发布行动指令。

1. 同样，代码的入口点是加载模块依赖项，并从 Cloud Foundry 环境变量收集所需的配置：

```
var express = require("express");
var cfenv = require("cfenv");
var Client = require("ibmiotf");

var minimumMoisture = parseInt(process.env.MINIMUM_MOISTURE);
var maximumTemperature = parseInt(process.env.MAXIMUM_TEMPERATURE);
```

2. 然后从 Cloud Foundry 环境加载配置数据并生成连接配置数据：

```
var app = express();
var appEnv = cfenv.getAppEnv();
var iotConfig = appEnv.getService("Internet of Things Platform-
mf");
var appClientConfig = {
  "org": iotConfig.credentials.org,
  "id": "hands-on-iot-app",
  "auth-key": iotConfig.credentials.apiKey,
  "auth-token": iotConfig.credentials.apiToken
}
```

3. 下一步是连接到 IBM Watson 物联网平台并订阅目标设备事件：

```
var appClient = new Client.IotfApplication(appClientConfig);
appClient.connect();
appClient.on("connect", function () {
  appClient.subscribeToDeviceEvents();
});
appClient.on("deviceEvent", function (deviceType, deviceId,
eventType, format, payload) {
  var deviceData = JSON.parse(payload);
```

4. 每当从订阅接收到事件时，应用程序检查设备报告的温度是否更高或土壤湿度是否低于定义的阈值。如果是这样，将以秒为单位的指定持续时间的水事件发布到设备上，从而激活喷水阀：

```
  if(deviceData.temperature > maximumTemperature ||
deviceData.soilMoisture < minimumMoisture ) {
    console.log("Device, please water the plant for 60 seconds");
    var actionData= { duration : 60 };
    actionData = JSON.stringify(actionData);
    appClient.publishDeviceCommand(deviceType, deviceId, "water",
"json", actionData);
  }
});
```

5. 启动 Express 服务器，Node.js 容器的 IBM Cloud SDK 启动，并在 Cloud Foundry 环境下对其进行监控：

```
var port = process.env.PORT;
app.listen(port, function() {
 console.log("App listening!");
});
```

要部署应用程序，请打开 manifest.yml 文件并更改应用程序的 name 属性。然后，打开命令行终端，切换到应用基本目录（manifest.yml 所在的位置），并使用 bluemix CLI 部署应用：

```
bluemix login

bluemix target -o <your_cloud_foundry_organization_name> -s
<space_where_your_app_will_be_deployed>

bluemix cf push
```

```
Waiting for app to start...

name:                hands-on-iot-app
requested state:     started
instances:           1/1
usage:               256M x 1 instances
routes:              hands-on-iot-app.mybluemix.net
last uploaded:       Fri 29 Jun 15:04:15 -03 2018
stack:               cflinuxfs2
buildpack:           SDK for Node.js(TM) (ibm-node.js-6.13.0, buildpack-v3.20.2-20180524-2057)
start command:       ./vendor/initial_startup.rb

       state      since                   cpu     memory          disk          details
#0     running    2018-06-29T18:06:02Z    0.0%    71.5M of 256M   86.1M of 1G
```

获取成功部署消息后，使用 `bluemix` CLI 检查应用日志：

```
bluemix cf logs <your_application_name>
```

该命令将从 Cloud Foundry 应用程序中检索和显示日志文件，如下所示。要确保可以检索这些日志，请确保所有应用跟踪都发送到 `stdout` 和 `stderr`：

```
Invoking 'cf logs hands-on-iot-app'...

Retrieving logs for app hands-on-iot-app in org          / space IoT as mraquino@br.ibm.com...

2018-06-29T15:27:42.40-0300 [APP/PROC/WEB/0] OUT Device Event from :: DeviceSimulator : acb1234 of event status with payload : { "temperature": 20, "soilMoisture": 148}
2018-06-29T15:27:47.40-0300 [APP/PROC/WEB/0] OUT Device Event from :: DeviceSimulator : acb1234 of event status with payload : { "temperature": 21, "soilMoisture": 257}
2018-06-29T15:27:52.41-0300 [APP/PROC/WEB/0] OUT Device Event from :: DeviceSimulator : acb1234 of event status with payload : { "temperature": 27, "soilMoisture": 21}
2018-06-29T15:27:57.41-0300 [APP/PROC/WEB/0] OUT Device Event from :: DeviceSimulator : acb1234 of event status with payload : { "temperature": 20, "soilMoisture": 323}
2018-06-29T15:28:02.41-0300 [APP/PROC/WEB/0] OUT Device Event from :: DeviceSimulator : acb1234 of event status with payload : { "temperature": 4, "soilMoisture": 364}
2018-06-29T15:28:07.41-0300 [APP/PROC/WEB/0] OUT Device Event from :: DeviceSimulator : acb1234 of event status with payload : { "temperature": 4, "soilMoisture": 390}
2018-06-29T15:28:12.42-0300 [APP/PROC/WEB/0] OUT Device Event from :: DeviceSimulator : acb1234 of event status with payload : { "temperature": 18, "soilMoisture": 5}
2018-06-29T15:28:22.42-0300 [APP/PROC/WEB/0] OUT Device Event from :: DeviceSimulator : acb1234 of event status with payload : { "temperature": 20, "soilMoisture": 370}
2018-06-29T15:28:27.43-0300 [APP/PROC/WEB/0] OUT Device Event from :: DeviceSimulator : acb1234 of event status with payload : { "temperature": 14, "soilMoisture": 156}
2018-06-29T15:28:32.43-0300 [APP/PROC/WEB/0] OUT Device Event from :: DeviceSimulator : acb1234 of event status with payload : { "temperature": 27, "soilMoisture": 416}
2018-06-29T15:28:37.43-0300 [APP/PROC/WEB/0] OUT Device Event from :: DeviceSimulator : acb1234 of event status with payload : { "temperature": 27, "soilMoisture": 85}
2018-06-29T15:28:42.43-0300 [APP/PROC/WEB/0] OUT Device Event from :: DeviceSimulator : acb1234 of event status with payload : { "temperature": 11, "soilMoisture": 227}
2018-06-29T15:28:47.44-0300 [APP/PROC/WEB/0] OUT Device Event from :: DeviceSimulator : acb1234 of event status with payload : { "temperature": 27, "soilMoisture": 376}
2018-06-29T15:28:52.44-0300 [APP/PROC/WEB/0] OUT Device Event from :: DeviceSimulator : acb1234 of event status with payload : { "temperature": 25, "soilMoisture": 15}
```

Cloud Foundry 应用的日志文件

查看设备日志，你可以看到，每当满足设定条件时，设备都会收到一个为花园浇水的行动请求：

```
Event Published
Watering plants for 60 seconds
Event Published
Event Published
Watering plants for 60 seconds
Event Published
Event Published
Watering plants for 60 seconds
Event Published
Event Published
Watering plants for 60 seconds
Event Published
Watering plants for 60 seconds
```

此时，你已经有了一个物联网应用和设备连接，并且可以在 IBM 云环境中正常工作。

2.5　小结

在本章中，我们开发了一个在支持 Node.js 的真实设备上运行的解决方案。我们还使用与设备 GPIO（通用 IO）交互的低级 mraa 库，读取模拟传感器（温度和土壤湿度传感器），并使用数字引脚打开和关闭继电器。这看起来很简单，但大多数设备都有传感器和执行器，这可能会改变它们的使用方式。然而，它们本质上遵循相同的概念。

我们在 IBM Watson 物联网平台中创建了一个仪表盘，它有助于查看实时数据设备发布的内容。我们还在 IBM Cloud 平台（Bluemix）中创建了一个应用程序，并将支持服务（IBM Watson 物联网平台组织）附加到应用程序，以便利用配置数据连接到服务，并使用 Bluemix 命令行界面部署应用程序。

下一章将介绍作为互联企业平台的区块链，并解释其价值和常见的应用案例，其中它为业务链增加价值。

2.6　补充阅读

使用 IBM Watson 物联网平台完成解决方案所需的大部分资源可以在以下链接的官方文档中找到：https://console.bluemix.net/docs/services/IoT/index.html#gettingstartedtemplate。IBM 社区还发布了许多 IBM Watson 物联网开发指南，可在 developerWorks Recipes 网站上找到：https://developer.ibm.com/recipes/tutorials/category/internet-of-things-iot/。

了解如何将项目上载到 GitHub 存储库以及如何创建交付路线，以便在系统有新的更新推送到存储库时可自动构建、测试和部署应用程序，这一点虽不在本书范围内，但是也非常有用。

有关 Grove 系统平台、模块、捆绑的平台模块和组件规格的更多信息，请访问制造商网站：http://wiki.seeedstudio.com/Grove/。

区块链技术概述及使用超级账本

在人与人之间连接更密切的数字世界中，区块链是一种变革力量。简而言之，区块链是一种共享的分布式账本，它能够以更安全、更简便、对所有成员透明的方式，记录一个业务网络中的交易过程，并跟踪资产。

人们经常使用互联网银行、电子商务、购物 App（如订酒店房间、订出租汽车）和其他在线功能。这就产生了海量交易和数据。在此基础上，物联网还为数字世界带来了新的可能性。随着各种产品与物联网不断集成，交易数量呈指数级增长，因此，与供应商、银行和监管者进行跨地域的连接需求越来越大。

区块链技术为许多行业进行业务转型提供了巨大的机遇，例如金融行业、保险行业、通信行业和政府。此外，数字化交易为企业间交易提供了巨大的便利。

3.1 区块链是什么

让我们更深入地研究下区块链到底是什么。一项资产是能够被拥有或控制以创造价值的东西。资产是这个网络中的主角，其中可能包括有形资产，例如汽车、房子或者钱，也可能有些资产是无形资产，例如知识产权和专利权。如果资产是主角，那么账本就是钥匙（key）。账本是一个商业系统的记录。不同的业务网络有不同的账本。

下图代表业务网络的现状。每个参与者都有自己的账本，在发生商业交易的时候就要更新所有账本：

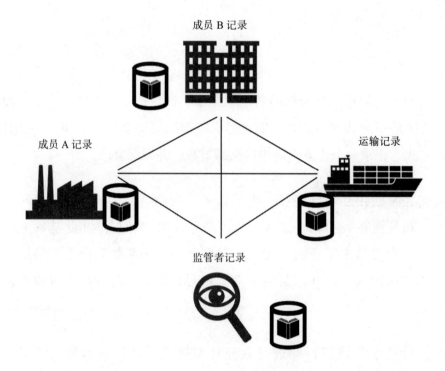

使用区块链技术之后，一个业务网络里的成员就可以共享一个账本，在发生商业交易的时候通过点对点的复制更新账本，如下图所示：

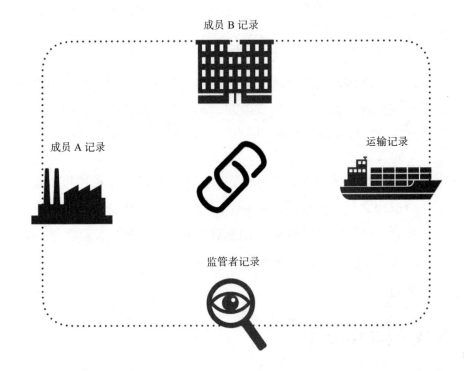

区块链允许多个有竞争关系的参与者就相同的事实进行安全交互。这种区块链提供了互相认证身份的一些初始参与者以及后期被他们许可加入的参与者共同组成的网络，在网络中这些参与者之间共享不可篡改的账本。

区块链的四个重要思想如下：

- **共识**：要使一项交易有效，所有参与者必须就其有效性达成一致。
- **溯源**：参与者知道资产来自哪里，所有权随着时间发生了什么变化。
- **不可篡改性**：账本记录交易之后，任何参与者都不能篡改交易记录。如果一项交易出现错误，必须用一项新的交易来纠正错误，并且正确的交易和错误的交易在链上都可见。
- **最终确定性**：一个共享账本能够查询确定一项资产的所有权或者一项交

易的结果，有时在具体需求下，交易的结果是被加密的密文，无权限的查询者无法解密。

我们谈论区块链时，重点是基于区块链的业务网络。用于商业用途的区块链中的交易和成员都是有一定许可权限的、私有的、有优先等级的。我们处理的是资产、身份验证和选择性背书。

你可能熟悉的区块链技术是比特币。事实上，我们可以说比特币是区块链技术的第一个应用案例。比特币是一种数字货币，没有中央银行、没有监管机构、没有纸质货币。用到的软件可以在点对点的网络中解决复杂数学问题。交易没有中介，交易在使用者之间直接进行，并且是透明的。

3.2 区块链和超级账本

围绕区块链有不少框架或技术：R3（corda）、以太坊（Ethereum）、Neo和 Nem 等，每个都有独特的设计和架构。本书关注的区块链技术是超级账本（Hyperledger）（参见 https://www.hyperledger.org/）。

Hyperledger 是 Linux 基金会 2016 年创立的项目，其中共有 30 个创始成员单位。现在这个项目的参与单位已经超过了 230 个，包括 Cisco、Hitachi、IBM、ABN AMRO、ANZ Bank、Red Hat、VMware 和 JP Morgan 等知名公司。今天，在同一个伞形项目之下有好多个项目，关注不同的区块链应用案例以及相关框架和工具。Hyperledger 项目描述参见 https://www.hyperledger.org。Hyperledger 孕育并促进了许多商业性区块链技术，包括分布式账本框架、智能合约、客户端库、图形界面、实用函数库和应用案例。Hyperledger 伞形项目鼓励重复使用相同的区块，并且使 DLT（分布式账本技术）组件快速创新成为可能：

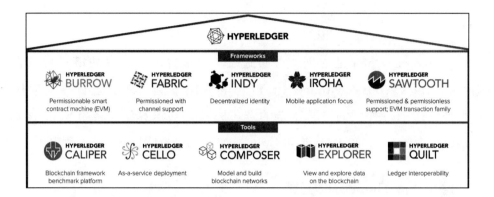

3.2.1　Hyperledger 项目

研究 Hyperledger 项目，我们会讲到五种框架和五种工具。框架包括 Sawtooth、Iroha、Burrow、Indy 和 Fabric。工具包括 Caliper、Composer、Cello、Explorer 和 Quilt。

下面我们来讨论一下这些框架和工具。

Hyperledger Sawtooth 框架

Hyperledger Sawtooth 与其他 Hyperledger 框架的架构和特征一样，它是用于建立企业级分布式账本应用和网络的区块链平台。

依我看来，Sawtooth 最大的特点是能够方便地使用 API 和很多编程语言（如 Python、C++、Go、Java、JavaScript 和 Rust）。这为在 Sawtooth 平台上进行应用开发提供了很多帮助。此外，你可以用 Solidity 语言编写智能合约，供 Seth 交易集（Transaction family）使用。

另一个良好的特性是交易并行执行。大部分区块链要求进行序列化的交易执行，以便保证网络上的每个节点进行连续的排序。以太坊合约兼容性能够与 Seth 一起使用，Sawtooth- Ethereum 集成项目将 Sawtooth 平台的互用性延展到了以太坊。

Hyperledger Iroha 框架

Hyperledger Iroha 是为创建分布式账本而设计的一个区块链平台，它的基础是如 Know Your Customer（KYC）等应用案例，能够进行移动应用开发，而且它使用一种新的、基于链的拜占庭容错共识算法（名为 Sumeragi）。Soramitsu、Hitachi、NTT Data 和 Colu 最初为 Hyperledger Iroha 做出了贡献。

Hyperledger Composer 工具

如果你想验证一个想法、创建一个**概念验证**（Proof Of Concept，POC）或最小价值产品（Minimum Value Product，MVP），甚至开启一个项目，那么 Hyperledger Composer 能帮助你快速容易地实现。你可以用一个名为 Composer Playground 的网络应用验证你的业务网络。选好一个应用案例之后，只要点击几下，你就可以创建一个与你的系统集成的业务网络。另一个选择是创建一个前端应用，以使用你的智能合约。

下图是 Hyperledger Composer 工具的官方架构概览图：

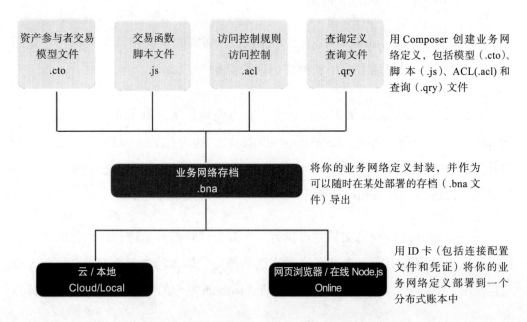

Hyperledger Burrow 框架

Hyperledger Burrow 文档的第一段对它的框架进行了很好的描述。描述内容如下：

"Hyperledger Burrow 是一个有授权的以太坊智能合约区块链节点。它在一个带许可的虚拟机上，执行以太坊 EVM 智能合约代码（通常用 Solidity 语言编写）。Burrow 通过权益证明 Tendermint 共识提供交易最终确定性，且交易吞吐量较大。"

这个想法实质是对以太坊智能合约有效。下图可以看到 Hyperledger Burrow 应用的高级架构：

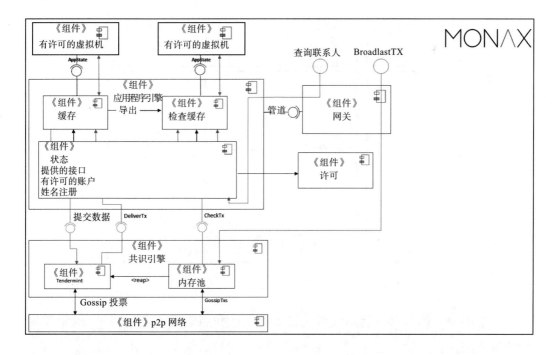

3.2.2　Hyperledger Fabric

想更深入地了解 Hyperledger 伞形项目，我们得学习一下 Hyperledger Fabric。

这是 Hyperledger 框架的第一个项目，也是最初的理念来源，最初的代码贡献者包括 Digital 资产公司和 IBM 公司。Hyperledger Fabric 的特性如下：

- 允许组件（例如共识和成员资格服务）即插即用。
- 使用容器技术承载智能合约，即链码（chaincode），其中包含系统的应用逻辑。

在继续讲解之前，我们先回顾一下区块链的概念，并仔细研究一下 Hyperledger Fabric：

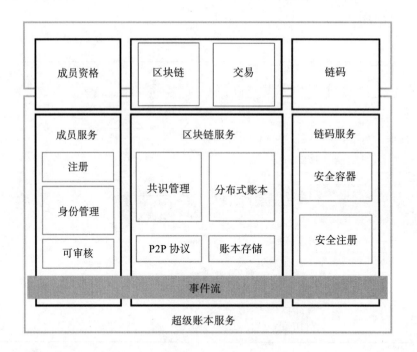

在上图中，你可以看到高级区块链架构。让我们学习（分析）一下这个架构中的重要组件：

- **链码**（chaincode）：即我们的业务网络合同，和任何合同一样，它表示网络成员之间可能进行了交易，并事先保证每个成员可以确定访问账本。

- **账本**（ledger）：把它想象成整个交易历史的数字化存储器，一个可以查询数据的数据库。
- **隐私性**（privacy）：通道（channel）——在大部分案例中，对于所有网络都只有一个通道，但是 Hyperledger Fabric 允许多边交易，同时还保证隐私性和保密性，所以如果网络中的两个成员出于任何目的需要在二者之间进行一笔特定交易，他们可以有一个与其他人隔离的通道。
- **安全性和成员资格服务**（security and membership services）：每个成员在网络中有一个特定的许可认证，这样每项交易都能够记入日志，并由有授权的监管者或者审计者进行追溯。

为了更方便解释，让我们看看业务网络中的 Hyperledger Fabric 组件：

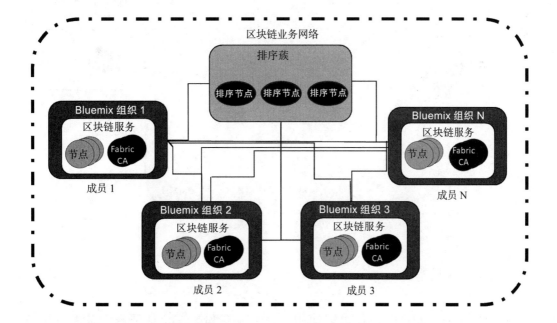

上图中的各个组件解释如下：

- 区块链网络中有多个成员。在这个例子中有**成员 1**，**成员 2**，**成员 3** 和**成员 N**。

- 每个成员都有自己的节点（peer）。
- 每个节点有一个**证书颁发机构**（certificate authority）。
- 队列或交易由**排序簇**（ordering cluster）进行排序。

成员或节点

网络中的一个成员或者一个公司被称为组织（organization），一个组织往往有多个节点（peer），它承载着账本和智能合约。智能合约和账本用于封装一个网络中的共享过程和共享信息：

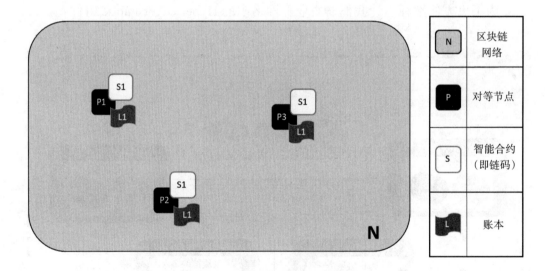

证书颁发机构

业务网络中的每个成员可以使用一个数字身份，这个认证身份是由系统信任的认证机构颁发的。在大部分常见案例中，数字身份（或者身份）通常采用符合 X.509 标准的经过密码学验证的数字证书，由证书颁发机构（Certificate Authority，CA）颁发。

排序簇

队列或交易可以通过排序服务进行排序，排序服务为客户和节点提供一个共享通信渠道，为包含交易的消息提供广播服务。作为排序和交易分配的一部分，Hyperledger Fabric 有**排序服务**（ordering services，OS）和一个 Kafka 簇，即保证负载平衡和共识的中间人。当我们设置环境时，会更详细地学习。

SDK/API

应用或者当前系统可以通过 SDK/API 接入区块链网络，SDK/API 通常使用 Node.js 开发，是使用智能合约时一个重要的步骤：

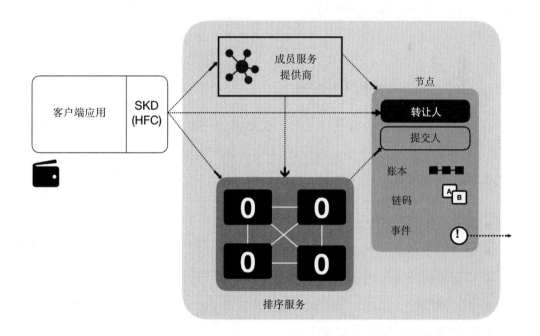

Hyperledger Fabric 1.3 版本已经有了很多改进。由于 1.1 版本和 Node.js 链码支持，开发人员现在可以用最流行的框架、最新的编程语言开发链码。如果你用的版本低于 1.1，就需要用 Go 语言开发链码。让我们看看 Hyperledger

Fabric 1.3 的新特性。

本书中的案例使用的代码用到了 Hyperledger Fabric 1.4，其新特性如下：

● **开发应用的新方法** 这些新特性使编写分布式代码变得更简便，允许开发者直观地使用 Node.js SDK Node.js 链码，符合逻辑地产出分布式应用。

● **运行新特性，维护更简便** 随着 Hyperledger Fabric 网络的应用和测试越来越多，适用性和运行方面的问题变得越来越重要。Fabric v1.4 在日志改进、健康检查、运行标准方面有新的特性。开始进行产品运行，推荐使用 Fabric 1.4 版本，因为其特性比较稳定且有一些重要的补丁。如果访问 Hyperledger Fabric 网站，你会发现 v1.4.x 系列版本有新的补丁信息，而 v2.0 系列版本有新的特性。

3.3 选择一个经典应用案例

在我们开始创建区块链项目之前，很重要的一步是选择一个经典应用案例。我们经常看到一些通过分布式数据库，或者有良好访问许可的网络应用就能解决的案例。要考虑下面这些因素：

● 涉及一个业务网络吗？

● 交易需要确认或共识吗？

● 审计追踪或来源控制重要吗？

● 不可篡改性（数据）。

● 最终确定性（争论质疑更少）。

确保画一张图，其中包括不同的组织，或者一个业务网络及其连接方式——这是很重要的步骤。此外，检查一下你的应用案例适用于第 2 点到第 5

点性质之间的一点或者更多点。如果在第 2 点到第 5 点性质之间，你能用到的不超过一点，那么可能用区块链技术就不合适了。

在选择应用案例时，最好有智库协助或者设计好思考过程。下表展示的是不同产业的部分适用案例：

金融机构	保险行业	跨行业及其他
• 信用证	• 第一方医疗索赔处理	• 积分
• 信用借款或信用债券	• 列表式个人财产索赔处理	• 资产管理
• 联合体共享账本		• 身份认证管理

区块链：食品溯源应用案例

好的，下面我们将关注食品溯源应用案例。今天，消费者越来越要求产品透明度，即了解产品是如何制造的、在哪里制造的。欧盟要求提供企业供应链上的诸多信息，如果某些企业或国家不遵守就会受到巨额罚款。一些国家的消费者已开始追溯食品是在哪里生产的，在到达餐桌之前在批发商、零售商那里经过了多少手。这么看，这个应用案例很适合用区块链技术，对不对？

让我们思考一下区块链的五个要素：

1. 业务网络　生产商、制造商、运输企业、零售商店。
2. 交易需要确认或共识吗？　记录供应链中的某项资产在某时某地的经手人。
3. 审计追踪重要吗？　消费者要求追溯审计体系。
4. 不可篡改性。
5. 最终确定性。

在一个复杂程序中涉及不同的公司和资产。

现在，我们已经知道区块链适合用于食品溯源这个应用案例，先看看区块链技术有哪些优势：

- 它可追溯证实，防止任何一方篡改信息或者挑战信息的合法性。
- 通过在复杂的全球供应链中提高透明度，能提高效率。
- 监管者、政府部门和业务网络中的公司能够快速简便地获取有关该供应链的可靠信息。

在下面几章中，我们将更深入地学习食品链，以及区块链＋物联网将如何给食品链带来变革。

3.4 小结

区块链的特点是共享和分布式的账本，能够使业务网络中记录交易和跟踪资产的过程更容易、更动态。这与比特币不同，比特币是一个不需要许可的公共账本案例，它用大量资源创造了一种不经监管的影子货币。而本文关注的区块链形式不同于比特币，基本上是需要许可的、私有的、有优先级别的，其中的资产基于加密货币。

超级账本（Hyperledger）是一个促进区块链技术的开源项目。

截至 2017 年 5 月，共有 5 个活跃的框架和 5 个活跃的工具：

- **框架**：Hyperledger Burrow、Hyperledger Fabric、Hyperledger Iroha、Hyperledger Sawtooth 和 Hyperledger Indy。
- **工具**：Hyperledger Cello、Hyperledger Composer、Hyperledger Explorer、Hyperledger Quilt 和 HyperledgerCaliper。

在下面几章中，我们将更深入地学习如何用区块链平台解决食品链中的一些重要挑战，我们会发现 Hyperledger Fabric 1.4 是一个强大的区块链平台。

3.5　问答

问：为什么使用区块链？

答：区块链为解决食品链中的一些重要挑战提供信任和透明度。使用区块链之后，可以有如下优势：

- 信任和透明。
- 选择由谁来接收信息，因为你只需要一个共享账本来记录交易。
- 由于账本是不可篡改的，缺乏信任就不再是一个问题，参与者可以确定来源和交易真实性。
- 快速简便访问详细的端到端供应链数据。
- 基于来自生态系统的数据，更好地分配物品和产品，减少资源浪费。

区块链使参与者有能力共享账本，每当进行一项交易就通过点到点的复制更新账本。隐私服务使得参与者只能看到与其有关的账本部分，因而交易是安全、可证实、真实有效的。区块链还允许嵌入资产转移合同，以执行交易。网络参与者通过一个叫做共识的过程，共同确定如何确认交易。同一个网络中还可以包括政府监管、合规和审计等内容。

3.6　补充阅读

如想进一步深入了解，请查阅下述链接：

- 在下面的链接查询 Hyperledger Sawtooth 文档：https://sawtooth.hyperledger.org/docs/core/releases/latest/introduction.html#distinctive-features-of-sawtooth。
- 在下面的链接查询 Hyperledger Iroha 文档：https://www.hyperledger.org/projects/iroha/resources。
- 在下面的链接查询 Hyperledger Indy 文档：https://github.com/hyperledger/indy-node/blob/stable/getting-started.md。
- 在下面的链接查询 Hyperledger Composer 文档：https://hyperledger.github.io/composer/latest/introduction/introduction.html。
- 在下面的链接查询 Hyperledger Fabric 1.4 文档：https://hyperledger-fabric.readthedocs.io/en/release-1.4/。
- 在下面的链接查询 GitHub Hyperledger Fabric 文档：https://github.com/hyperledger/fabric。

第 4 章 *Chapter 4*

创建自己的区块链网络

在本章中，我们将用 Hyperledger Composer 创建一个区块链网络。我们会完成一个简单的应用案例，在网络参与者之间转移资产。我们还将学习快速安装 Hyperledger Fabric 1.1。此外，我们还将手把手指导你运行自己的业务网络。

我们将通过了解以下内容进行学习：

- 创建区块链网络的先决条件。
- Hyperledger Composer 概览。
- 探索 Composer Playground 以创建一个区块链网络。
- 设置本地 Hyperledger Fabric/Composer 开发环境。

4.1 先决条件

为完成本章工作，请先在电脑上安装如下程序：

- curl
- Node.js 8.9.x
- Python 2.7
- Git 2.9.x 或更高版本
- Go
- Windows 10/Ubuntu Linux 14.04/macOS 10.12

对于 Windows 10，需要使用专门用于 Linux 的 Windows 子系统来运行 Ubuntu。

4.2 使用 Hyperledger Composer 创建自己的区块链网络

在第 3 章中，我们学习了 Hyperledger 伞形项目之下的多种框架。然后，我们分析了 Hyperledger Composer，它是开发区块链网络的强大工具。

Hyperledger Composer 的重大优势之一是该框架的文档特别棒，不仅仅它的网站本身，甚至开发者网站和其他网站上都有很多代码案例和例行程序。

现在，我们先一步一步看一个没有 Hyperledger Composer 教学网站上的案例那么知名的应用案例，这个案例将展示创建一个区块链网络是十分简单的。我们会用到名为 Playground 的 Hyperledger Composer 的平台。

4.2.1 获取 Hyperledger Composer

在线 Hyperledger Composer Playground 允许我们不进行任何安装，就可以

探索 Hyperledger 组件。下面的步骤将帮助你探索在线 Composer Playground：

1. 通过链接 http://composer-playground.mybluemix.net/login 访问站点。在下面的屏幕截图中可以看到，主页打开时有一个启动页面：

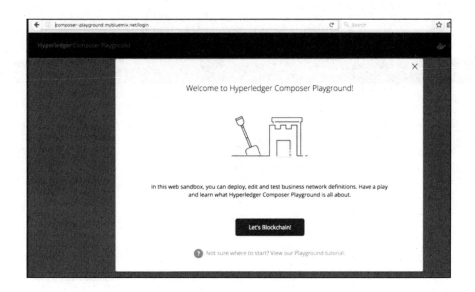

2. 点击 Let's Blockchain! 按钮后，将进入下一个页面，就像一个仪表盘：

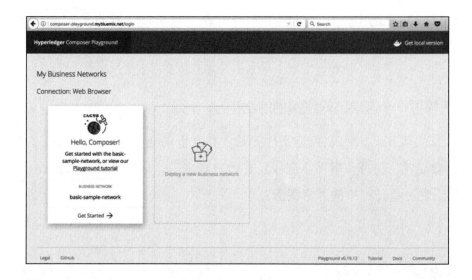

在这个页面上，可以选择使用相关教学资料，其中很详细地介绍了分步骤过程，这对于学习 Hyperledger Composer 很有帮助。

3. 点击 Get Started 链接。在几个加载屏幕之后，就进入了编辑器，在这里可以创建自己的区块链网络：

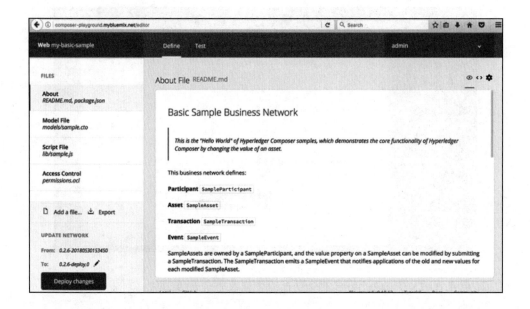

在我们的案例中，一共有两个参与者和一项资产，即有一定金额的令牌（token）。我们要在网络参与者之间转移这项资产和金额。

4.2.2　探讨一个区块链网络案例的结构

1. 我们从 name.cto 模型文件开始。在我们的业务网络中，模型文件定义资产、参与者、交易和事件。记住，在每一步之后，你都需要部署修改。现在，我们将看到一些过程中的屏幕截图：

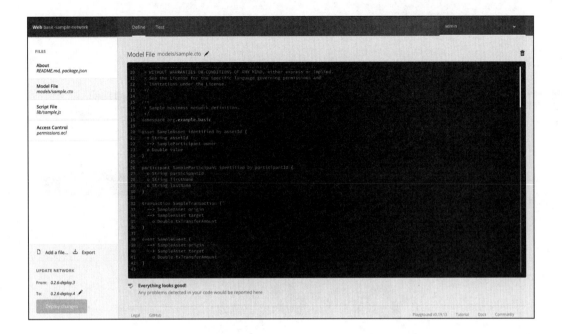

2. 用如下代码创建参与者、交易和事件：

```
// **
 * Sample business network definition.
 */
namespace org.example.basic

asset SampleAsset identified by assetId {
  o String assetId
  --> SampleParticipant owner
  o Double value
}
participant SampleParticipant identified by participantId {
  o String participantId
  o String firstName
  o String lastName
}

transaction SampleTransaction {
  --> SampleAsset origin
  --> SampleAsset target
    o Double txTransferAmount
}
```

```
event SampleEvent {
  --> SampleAsset origin
  --> SampleAsset target
    o Double txTransferAmount
}
```

3. 创建一个在参与者之间进行资产转账的功能。我们用 name.js 脚本文件：

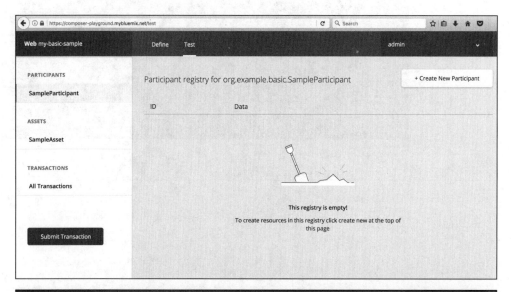

4. 让我们看看代码，这些代码展示了这里用到的算法 / 逻辑：

```
 * Sample transaction processor function.
 * @param {org.example.basic.SampleTransaction} tx The sample
transaction instance.
 * @transaction
 */
async function sampleExchange(tx) {
    // Get the asset registry for the asset.
    const assetRegistry = await
getAssetRegistry('org.example.basic.SampleAsset');

    //Ensure the balance is greather than the amount to be
transfered
    if(tx.origin.value > tx.txTransferAmount) {

    //charge from receiver account
    tx.origin.value = (tx.origin.value - tx.txTransferAmount);
    //add to receiver account
    tx.target.value = (tx.target.value +  tx.txTransferAmount);
    // Update the asset in the asset registry.
    await assetRegistry.update(tx.origin);
    await assetRegistry.update(tx.target);
    // Emit an event for the modified asset.
    let event = getFactory().newEvent('org.example.basic',
'SampleEvent');
    event.origin = tx.origin;
 event.target = tx.target;
 event.txTransferAmount = tx.txTransferAmount;

 emit(event);

 } else {
   throw Error(`You do not have enough balance for this
transaction: Balance US$: ${tx.origin.value} Transfer Amount:
${tx.txTransferAmount}`);
 }
 }
```

5. Access Control List (ACL) 特性保证一个 Hyperledger Composer 区块链网络能够使参与者对资产有不同的访问控制权限。现在，我们创建一个允许区块链网络成员拥有正确的访问控制权限的商业规则。基础文件给予了当前参与者（即网络管理员）访问整个业务网络并进行系统级别操作的控制权限：

下面的代码展示如何创建访问控制：

```
/**
 * Sample access control list. rule Everybody Can Read Everything
and send a transaction for example
 */
rule EverybodyCanReadEverything {
    description: "Allow all participants read access to all
resources"
    participant: "org.example.basic.SampleParticipant"
    operation: READ
    resource: "org.example.basic.*"
    action: ALLOW
}
rule EverybodyCanSubmitTransactions {
    description: "Allow all participants to submit transactions"
    participant: "org.example.basic.SampleParticipant"
    operation: CREATE
    resource: "org.example.basic.SampleTransaction"
    action: ALLOW
}
```

6. 定义访问控制的资产：

```
rule OwnerHasFullAccessToTheirAssets {
 description: "Allow all participants full access to their assets"
 participant(p): "org.example.basic.SampleParticipant"
 operation: ALL
 resource(r): "org.example.basic.SampleAsset"
 condition: (r.owner.getIdentifier() === p.getIdentifier())
 action: ALLOW
 }
```

7. 为 SystemACL（无论是网络管理员还是用户）定义一个规则，如下：

```
rule SystemACL {
 description: "System ACL to permit all access"
 participant: "org.hyperledger.composer.system.Participant"
 operation: ALL
 resource: "org.hyperledger.composer.system.**"
 action: ALLOW
 }
rule NetworkAdminUser {
 description: "Grant business network administrators full access to
user resources"
 participant: "org.hyperledger.composer.system.NetworkAdmin"
 operation: ALL
 resource: "**"
 action: ALLOW
 }
rule NetworkAdminSystem {
 description: "Grant business network administrators full access to
system resources"
 participant: "org.hyperledger.composer.system.NetworkAdmin"
 operation: ALL
 resource: "org.hyperledger.composer.system.**"
 action: ALLOW
 }
```

8. 现在准备好测试我们的区块链网络了。点击屏幕上方的 Test 按钮：

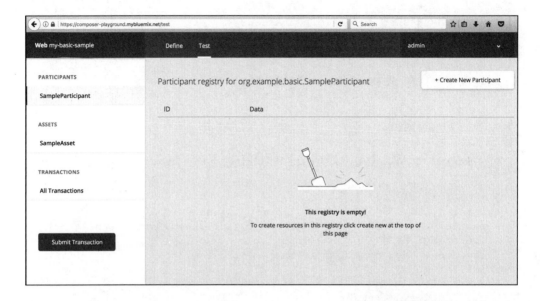

9. 为你的区块链网络创建两个参与者。第一个参与者如下：

使用下面的代码创建第一个参与者：

```
{
    "$class": "org.example.basic.SampleParticipant",
    "participantId": "1",
    "firstName": "Joao",
    "lastName": "Dow"
}
```

第二个参与者如下：

使用下面的代码创建第二个参与者：

```
{
    "$class": "org.example.basic.SampleParticipant",
    "participantId": "2",
    "firstName": "Sarah",
    "lastName": "Barbosa"
}
```

10. 现在为第一个参与者创建一项资产。记住要添加 participantId、AssetId 和 value：

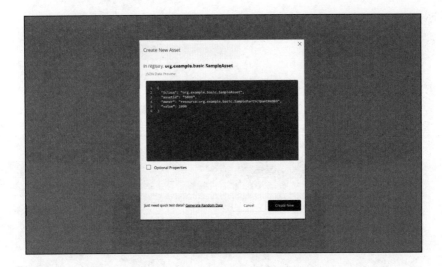

11. 使用下面的代码为第一个参与者创建一项资产：

```
{
    "$class": "org.example.basic.SampleAsset",
    "assetId": "0744",
    "owner": "resource:org.example.basic.SampleParticipant#1",
    "value": 1000
}
```

12. 对第二个参与者重复对第一个参与者使用的方法：

13. 使用下面的代码为第二个参与者创建一项资产：

```
{
  "$class": "org.example.basic.SampleAsset",
  "assetId": "4010",
  "owner": "resource:org.example.basic.SampleParticipant#2",
  "value": 1000
}
```

14. 现在令两个参与者进行一笔交易。点击 Submit 按钮，使第二个参与者向第一个参与者转账一定金额。在下面的例子中，转账金额是 300：

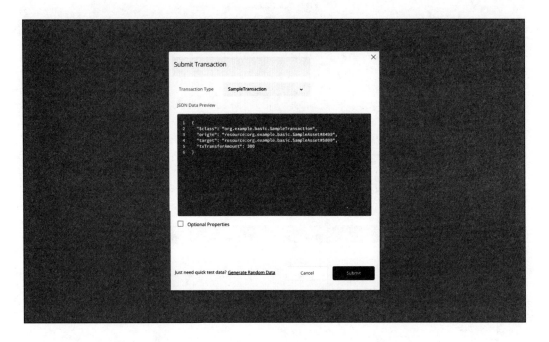

15. 使用下面的代码在两个参与者之间进行一笔金额的转账：

```
{
  "$class": "org.example.basic.SampleTransaction",
  "origin": "resource:org.example.basic.SampleAsset#0744",
  "target": "resource:org.example.basic.SampleAsset#4010",
  "txTransferAmount": 300
}
```

干得漂亮！点击记录就可以在下面两个屏幕截图中看到全部交易细节。第一个屏幕截图显示一张表单，上面有所有被创建的资产：

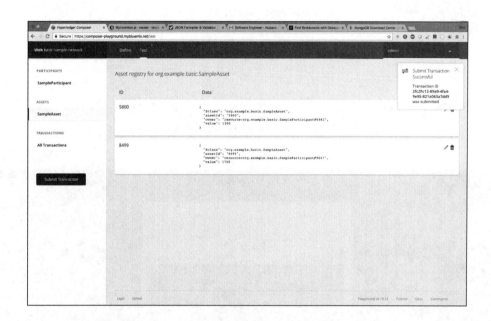

第二个屏幕截图显示已经在区块链网络上运行的交易历史：

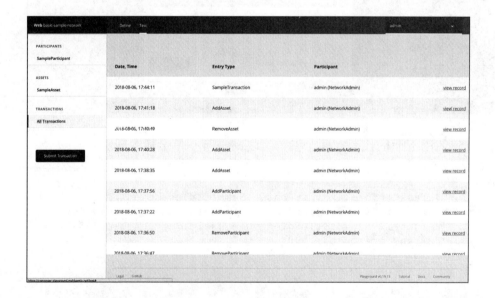

现在你已经完成了一个应用案例，可以进行一个新的概念验证，为业务网络成员展示 Hyperledger 区块链的巨大潜力。

4.3　使用 Hyperledger Fabric 和 Composer 安装区块链网络

上一节介绍了简单易用的 Hyperledger Composer Playground。现在，我们在自己的（本地）机器上安装 Composer。

安装区块链网络有三个最重要的步骤：

1. 安装先决条件。
2. 安装 Hyperledger Composer（开发环境）。
3. 更新环境。

我们可以通过多种方法用 Hyperledger Fabric 安装区块链网络，包括本地服务器、Kubernetes、IBM Cloud 和 Docker。首先，我们看一下 Docker 和 Kubernetes。

4.3.1　设置 Docker

参见链接 https://www.docker.com/get-started 中的信息，安装 Docker。

Hyperledger Composer 适用于两种版本的 Docker：

- Docker Composer 1.8 或更高版本。
- Docker Engine 17.03 或更高版本。

如果你已经安装了 Docker，但是不确定版本，可以用如下命令查看版本号：

```
docker –version
```

 注意：许多基于 Linux 的操作系统，例如 Ubuntu，使用 Python3.5.1。在我们的案例中，要用到 Python 2.7 版本，请访问：https://www.python.org/download/releases/2.7/。

4.3.2　安装 Hyperledger Composer

下面，我们将开始设置 Hyperledger Composer，获得访问其开发工具（主要用于创建业务网络）的权限。我们还将安装 Hyperledger Fabric，这样可以在本地运行或应用业务网络。这些业务网络还可以在云平台等其他地方的 Hyperledger Fabric runtime 上运行。

　确保你以前没有安装使用过这些工具。

组件

要成功安装 Hyperledger Composer，你需要准备好以下组件：

- CLI 工具
- Playground
- Hyperledger Fabric
- An IDE

设置好之后，就可以开始下面的步骤了。

步骤 1：设置 CLI 工具

CLI 工具（composer-cli）是一个包含最重要操作的库，其中包括可管理的、可操作的和可开发的任务。在本步骤中，我们将安装下列工具：

- Yeoman：创建应用的前端工具。
- library generator：用于创建应用资产。
- REST server：用于运行 REST 服务器（本地）。

下面开始设置 CLI 工具：

1. 安装 CLI 工具：

```
npm install -g composer-cli@0.20
```

2. 安装 library generator：

```
npm install -g generator-hyperledger-composer@0.20
```

3. 安装 REST server：

```
npm install -g composer-rest-server@0.20
```

这将允许在本地 REST 服务器上做整合，给你的业务网络留出 RESTful API 接口。

4. 安装 Yeoman：

```
npm install -g yo
```

 为了确保当前用户有足够的权限去自动运行环境，不要用 npm 中的 su 或 sudo 指令。

步骤 2：设置 Playground

如果使用浏览器运行 Playground，Playground 可以在本地机器上给你一个 UI。你可以用它展示你的业务网络，浏览 APP 测试编辑，并测试你的业务网络。

用下面的命令安装 Playground：

```
npm install -g composer-playground@0.20
```

现在可以运行 Hyperledger Fabric 了。

步骤 3：Hyperledger Fabric

本步骤将允许你在本地运行 Hyperledger Fabric runtime 并应用你的业务网络：

1. 选择一个目录，例如 ~/fabric-dev-servers。

2. 现在找到 .tar.gz 文件，其中包括 Hyperledger Fabric 安装工具：

```
mkdir ~/fabric-dev-servers && cd ~/fabric-dev-servers

curl -O
https://raw.githubusercontent.com/hyperledger/composer-tools/master
/packages/fabric-dev-servers/fabric-dev-servers.tar.gz
tar -xvf fabric-dev-servers.tar.gz
```

你已经下载了一些脚本，可以在本地安装 Hyperledger Fabric v1.2 runtime 了。

3. 要下载真实环境 Docker 镜像，在你的用户 home 目录运行如下命令：

```
cd ~/fabric-dev-servers
export FABRIC_VERSION=hlfv12
./downloadFabric.sh
```

做得不错！现在你已经成功设置了典型开发环境。

步骤 4：IDE

Hyperledger Composer 允许你使用许多 IDE，两个比较知名的是 Atom 和 VS Code，这两个与 Hyperledger Composer 的延展性都不错。

Atom 使你可以用 `composer-atom` 插件（https://github.com/hyperledger/composer-atom-plugin）高亮语法显示 Hyperledger Composer 建模语言。可以在链接 https://atom.io/ 上下载这个 IDE。你还可以在链接 Code:https://code.visualstudio.com/download 上下载 VS 代码。

4.3.3　使用 Docker 安装 Hyperledger Fabric 1.3

有很多方式可以下载 Hyperledger Fabric 平台，使用 Docker 是最常用的方法。你可以使用官方的版本库。如果你在使用 Windows，你可以通过 Docker 快速启动终端来使用更多的终端命令。

如果你在使用 Windows 版的 Docker, 请使用如下指令：

1. 在共享盘中查找 Docker 文档，可以在 https://docs.docker.com/docker-for-windows/#shared-drives 找到，并在某个共享盘下运行。

2. 创建一个目录，并在 Hyperledger GitHub 版本库复制示例文件。运行如下指令：

```
$ git clone -b master
https://github.com/hyperledger/fabric-samples.git
```

3. 在本地下载和安装 Hyperledger Fabric，必须运行如下指令，下载平台专用的二进制库：

```
$ curl -sSl https://goo.gl/6wtTN5 | bash -s 1.1.0
```

完整安装指南参见：https://hyperledger-fabric.readthedocs.io/en/release-1.3/install.html。

4.3.4　在 Kubernetes 环境中部署 Hyperledger Fabric 1.3

本节推荐熟悉 Kubernetes、云环境和网络并希望深入探索 Hyperledger Fabric 1.3 的读者阅读。

Kubernetes 是一个容器集群管理平台，可以在例如 Amazon Web Services、Google 云平台、IBM 和 Azure 等主要云平台获取。IBM 公司一位非常出色的云架构师 Marcelo Feitoza Parisi 在 GitHub 发布了一个指南，介绍如何在 Kubernetes 上建立一个产品级超级账本环境。

指南参见：https://github.com/feitnomore/hyperledger-fabric-kubernetes。

特别感谢 Marcelo!

4.4　小结

在本章中，我们通过 Composer Playground 学习了 Hyperledger Composer 的一个在线云应用。通过使用在线网络编辑器，我们学习了如何创建网络定义，在网络上运行测试，访问历史记录（在区块链网络上使所有交易可视化）。

我们还安装了本地开发环境，并告诉你在 Kubernetes 上建立一个产品级超级账本所用到的资源。

在下一章中,我们将探索现代食品链中的主要参与者和他们面临的主要挑战。我们将探讨物联网和区块链技术如何帮助人们解决这些挑战。

4.5　补充阅读

- 想了解更多有关 Composer 的知识,请访问:https://hyperledger.github.io/composer/latest/tutorials/tutorials。
- 如果你想安装 Hyperledger Fabric 全栈,请访问:https://github.com/feitnomore/hyperledger-fabric-kubernetes。
- 想了解 Hyperledger 的全部安装过程和架构,请访问:https://github.com/feitnomore/hyperledger-fabric-kubernetes。
- 分步骤安装 Hyperledger Composer 的指南,参见 https://medium.com/kago/tutorial-to-install-hyper-ledger-composer-on-windows-88d973094b5c。

运用区块链解决食品安全问题

在本章中，我们将从以下几个方面探讨食品链面临的主要挑战：

- 食品链目前流程以及存在的问题。
- 食品跟踪的重要性。
- 政府和监管机构关注。

我们还将了解到为什么物联网和区块链技术是解决这些问题的关键，并对为确保整个食品链安全而正在实施的一些认证和相关条例进行回顾。

5.1 现代食品链中的规则、挑战和问题

只用几小时的时间就可以从银行获得一张信用证，而且几分钟内就可以与你的伙伴分享信息，你能想象吗？你是否可以从海关得到一份自己货物的最新

物流信息，不用忍受任何官僚主义，且能够保证信息绝对安全？

答案是肯定的。利用物联网和区块链技术可以采集这些信息（产品状态更新、信用证审批等），而且，区块链技术的优势远不止这些。在探讨这些优势之前，我们先来看看食品行业面临的一些挑战，以及食品安全相关法律法规。

5.1.1　来自食品安全的挑战

美国疾病控制和预防中心（Center for Disease Control and prevention，CDC）预计，每年有 4 800 万人因食品传染而患病，其中 12.8 万人住院治疗，3 000 人死亡。

举一个真实的食品安全案例，2006 年，美国在菠菜中发现了大肠杆菌，可是全国各地的每一家商店都有菠菜。为了追踪问题菠菜的来源就花了两周时间，其实只是一个供应商的某 1 天的 1 批货有问题。整起事件中，至少有 199 人染病，3 人死亡。

最近的一起食品安全事件是在 2017 年 3 月，巴西最大的肉类加工公司发生了一起重大丑闻。在巴西联邦警察的一次行动中，该公司被指控篡改肉制品保质期，在当地销售并且还出口。该公司过了数周时间才对该指控做出回应，因为难以快速获得回应指控所必需的数据。

5.1.2　食品安全管理体系：ISO 22000

随着全球化的发展，不同国家食品来来往往。食品安全问题会带来许多严重后果。因此，有必要制定国际标准，以确保食品安全和食品链有序。

ISO 食品安全管理认证可以有效预防食品安全事件。ISO 22000 食品安全认证通过制定食品安全标准，并保证所有食品都要经过此认证，以此来保证食品安全。它列出了组织要达到食品安全所需要达到的标准，并确保食品达到这些要求。任何组织都可以使用该认证。

尽管人们已经采取了一些措施来提高产品标准、改善存储条件和提高产量，但近几年来能够真正有效解决食品链的现存问题并严格遵守 ISO 22000 等认证的有效举措寥寥无几。

解决复杂的食品链问题面临巨大挑战，但我们相信，物联网和区块链技术的结合将在很大程度上降低这些挑战的难度，并最终有效解决这一问题。

5.2　区块链和物联网如何在食品链中发挥作用

为了实现整个食品生态系统的透明，我们需要将生态系统中的所有实体都连接起来，包括零售商、制造商在内的系统中的每个人，还包括从农场到餐桌所涉及的每个人，最后到达食品链的最终消费者。现在，很多公司都在采用物联网和区块链技术，它们已经意识到在整个食品链中的各种问题，但是以往大家都把重点放在业绩上，而不是困扰整个食品链的问题上。

任何解决方案，即使是部分解决，对于整个食品链也是有价值的。但是，仍然不能解决所有参与者的所有问题。

为了获取有效决方案，我们会回顾一组按照参与者划分的市场需求。市场需求可以根据公司规模、地理位置等多个方面发生变化。我们的目标是确保每个人都能看到物联网和区块链技术的价值，并因此对该领域产生兴趣。这将帮助我们获得完整的数据，以提升整个食品生态系统端到端的透明度。

5.2.1 食品生态系统

在本节中，我们将深入研究食品链的参与者，了解他们的活动以及每个环节的规则，这些参与者包括：

- 农民。
- 食品生产商。
- 仓库和配送中心。
- 食品运输商。
- 商场和超市
- 消费者。
- 监管者。
- 认证机构及遵守的准则。

下图展示了复杂食品链中的所有参与者，本章主要目的是确定如何将物联网和区块链结合来为食品链提供解决方案，提升共享信息可信度，减少人为错误，并确保数据更改可记录。

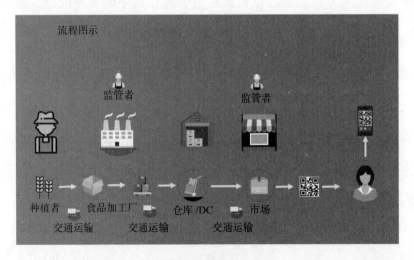

高层次食品链流转过程

从技术角度来看，物联网是解决方案核心。目前，有许多资产跟踪传感器可以通过蓝牙、**超宽带**（Ultra- Wide Band，UWB）、Wi-Fi、LPWA、LTE、NB-物联网、5G、卫星、红外、超声波、NFC 和 RFID 来连接和传输数据。这种组合允许提供资产即时信息跟踪。利用物联网访问数据时，可考虑将这些数据存储在区块链网络中。再来看区块链，区块链为我们保证了信息的可靠性以及成员之间的信任，而这种信任以前是不存在的；现在有了区块链技术，我们能够在许多生态系统中共享多种类型的信息。

区块链技术保障成员之间的信任，使我们能够真正解决前面提到的问题，以便更好地为顾客服务。此外，通过创建信任，区块链允许我们访问历史资产数据，这些数据代表了我们几十年来积累的数据和分析方式，包括认知、机器学习、预测、大数据等。总之，区块链代表了将所有这些因素结合在一起的缺失的拼图。

我们的区块链解决方案需要实现的一些重要内容如下：

- 在食品行业实现透明管理。
- 建立可信赖的联系，让食品生态系统中的每一个人都能参与。
- 提升互操作性，使业界能够推动系统可用性提升。
- 实现系统对牲畜和谷物的监控。
- 牲畜定位。
- 室温监测（温度和灌溉）。

在本章接下来的部分，我们将研究如何实现这一切。

5.2.2　食品生态系统中的机遇与挑战

让我们探索这个系统的每一个部分，并确定如何应对每个部分的机遇和挑战。

1. 农民

技术和农业协同工作可能产生颠覆性的变化。农民非常善于采用新的技术，特别是当它有助于提高生产效率和提升农业经营效率的时候。这些改进是采用新技术的动力，原因很简单：粮农组织（Food and Agriculture Organization，FAO）预测到 2050 年地球上将有 96 亿人口，粮食产量将增加 70%。

农业综合企业主要从事农业生产，重点是农产品的加工、仓储、分销、销售和零售。农业综合企业是物联网解决方案的推动者，并将这种技术的应用提升到了新高度。

今天，农业综合企业有许多大公司，如陶氏农业科学公司、杜邦公司、孟山都公司、先正达公司、AB Agri 公司（英联食品集团的一部分）、ADM 公司、John Deere 公司、优鲜沛公司以及 Purina 农场。当今全球化世界中，要赢得市场份额和达成好的交易变得越来越困难。

当今世界，农民面临的生产压力比以往任何时候都大，他们需要关注的问题如下：

- 产品产地跟踪。
- 制定产品仓储计划。
- 获取产品市场信息。
- 以更快方式识别各类传染疾病。
- 保证动物有良好的环境、日常生活和屠宰场，所有动物都得到良好的照顾。

以上是农民需要解决的问题。他们主要依靠物联网设备来解决这些问题：传感器，可以测量温度、时间和收获面积的数据采集装置；更快的收割机器；

全球定位系统；支持决策的预测模型；以精确和透明的方式存储信息的区块链。

2. 食品生产商

食品生产商在这个链条中扮演着重要角色，是整个过程的核心。因为它们参与了从动物生命开始到结束（动物被宰杀）的每一件事，包括肉类加工和包装等。以下是食品加工厂生产线：

我们总是听说与食品生产商有关的食品安全问题，特别是鸡、牛和猪等动物的问题。这些问题往往与动物屠宰操作有关，动物屠宰流程在食品生产业中发生的事件最多。此外，食品链及其内部的过程需要通过几个安全门，如温度分析、目测、包装机、存储和运输。

在这个复杂的市场中，没有任何生产商想让它们的产品与带来坏名声的件有关。但在这个链条中有太多的人可以直接影响客户的看法。食品生产商面临的挑战如下：

- 食物加工处理需要进一步自动化，减少或完全消除手工操作，并确保在过程中保持较高卫生标准。
- 为保证产品高质量的源头，要确保供应商的忠诚度。
- 有效控制库存和货物配送。
- 记录产品存储、物流数据、包装、搬运托盘等操作的数据。

业界已经意识到，无论在企业内部还是开展对外合作，通过物联网与区块链技术的结合才可以保证信息的透明、可追溯，快速解决问题，并达成共识。

3. 监管者

对于食品生产业的监管者来讲，采用物联网和区块链技术，可以使得提供的数据更加透明、数据分析能够更快速响应，此外还能在许多方面进行改进，如食品原产地认证等。

2018 年 7 月，英国食品标准局（Food Standards Agency，FSA）成功地完成了一项区块链试点，该机构是在英格兰、威尔士和北爱尔兰开展工作的独立政府部门，致力于保护公众健康和消费者食品安全。

FSA 信息管理主管 Sian Thomas 说：

"这是一个非常令人兴奋的开发。我们认为区块链技术可能会为食品工业增加真正的价值，比如屠宰场，它的工作需要大量的检查和结果的整理。我们的方法是与业界一起开发数据标准，这将使理论成为现实，我很高兴我们能够证明区块链确实在食品行业发挥了作用。我认为，工业界和政府还有大量的机会，共同为推广和发展区块链技术而努力。"

在食品链中负责监管的政府机构及相关机构在监管过程中遇到了困难。尽管采取了一些控制机制，例如要求生产者提供视觉分析和实验室数据，但检查仍然容易滋生腐败，而且没有食品整个生命周期的完整信息。

而且，食品链很长，以一种快速、客观的方式找出任何偏差的实际责任方并不是一件容易的事情。此外，经常存在的腐败现象也影响到整个链条。

综上，我们可以判断这一链条需要应对以下挑战：

- 保证产品配方符合相关规定。
- 确保信息可靠和可审计。

下面我们转到下一个环节：运输。

4. 食品运输商

当谈及食品运输时，我们首先应该谈论易腐产品，这些产品对温度和交付时间都有特殊要求。此外，还有运输易腐货物的特别许可证、货物在目的地和出发地的特殊产品检验，以及包装和拆包，这些都需要控制和跟踪。

如今，运输公司拥有大量可以控制和跟踪产品的技术。配送中心和仓库使用扫描仪、条形码、机器人来控制产品的收发货。

此外，还实现了解决方案分析和发票自动化跟踪，通过跟踪可以了解产品从何处订购、从何处供应、从何处发出、从何处发送、交付至何处及其到达日期。例如，图像识别技术就可以帮助注册具有相似内容的项目。

以物联网技术为基础的传感器给这些新技术提供了强大支撑。这些传感器可以监测温度、湿度、对易腐食品和其他货物包装的篡改。传感器一旦发现违反了设定条件，就会自动向供应链管理人员发出警报，以便立即对食品安全问题采取相应行动。

据此，区块链技术可以极大地帮助跟踪产品，并通过唯一的可跟踪共享账号，建立各方之间的信任。

5. 商场和超市

在食品链中，当产品有问题时，一般商场和超市最先得到反馈。商场和超市经常因产品问题而受到指责，因为它们也经常负责产品的存储、运输和加工。这些问题可能发生在商店内部或运输过程中。

商场和超市的经营活动与食品加工厂的经营活动一样复杂，它们在食品加工和存储方面都肩负重任，有关变质食品问题也是屡见不鲜，问题是："这个产品是已经腐烂了，还是在这里腐烂了？"

通常，产品所有者在每个环节都有他们自己的质量控制过程，这使得事情变得更加复杂。当出问题时，当事人可以提供证据，以免除他们自己的任何过失，但通常是其所在部门内部管理的相关证据，产品在商店内部部门之间交接过程则无迹可寻。

此外，我们还向较大的商店销售产品，那里也会出现同样问题，这些问题也很有可能是由于商店内部部门之间交接不当导致的。

综上所述，当前超市面临的挑战有如下几个方面：

- 管理和控制产品的收发环节。
- 有效控制库存和货物在商店之间的物流。
- 收集产品定位和储存的数据。

- 将产品拆封并摆放到货架上。
- 控制产品的保质期。

大多数大中型超市都有电子商务网络。这使得这些超市在日常经营中对技术和软件的使用比较普及，例如库存控制，使用物联网来控制包装和搬运托盘，使用二维码、集成数据系统来处理库存和销售数据，采用预测模型，跟踪客户忠诚度等。这些都向我们展示了技术在这个领域越来越多的应用。

6. 顾客

在激烈市场竞争中，顾客始终是主角。他们从市场挑选产品时，除了看质量，还会考虑购买地点和生产厂家。

现在，商店的商品除了包装外，陈列布局也要完美，并提供易于阅读的产品说明。此外，产品来源地、是否符合相关标准以及它是否有必要的认证信息对于顾客来说也是非常重要的。客户选择产品时，可以轻松地访问所有这些信息，读取二维码，并能够使用增强现实解决方案（augmented reality solution）收听产品细节。

两位未来学家在 2018 年 7 月的美国商会活动中表示，顾客在购买食品前，有很多机会与产品互动，如果想更多地了解食物对他们身体的影响，可访问如下网站：https://www.fooddive.com/news/what-will-grocery-shopping-look-like-in-the-future/447503/。

食品链上的一系列挑战并不容易解决。这些现存问题可能带来的影响不仅会导致经济损失，还会引起顾客的健康问题，甚至死亡。

技术可以成为解决这些问题的关键。可以肯定的是，物联网和区块链技术的组合可以增强该链条上成员之间信息的透明度，使他们能够更有效地控制数据，提高安全性，使整个流程更加自动化，链条不再那么复杂。

我们还可以看到，食品链中的所有成员都面临着巨大的挑战，使用物联网和区块链技术还可以为顾客提供更好的产品或品牌，这对顾客来讲更重要，可以让他们对正在消费的商品有更深刻的认识。

5.2.3 食品链是物联网和区块链技术应用的经典案例吗

我们回忆一下第 3 章讲到的区块链技术和 Hyperledger，以下问题可以作为辨别是否是好的区块链应用案例的判断标准：

1. 是否是业务网络？

是的，食品链网络涉及食品种植者、生产者、运输公司和零售商店。

2. 是否存在需要验证或协商一致的事宜？

是的，食品链需要记录产品的所有者、在供应链中的流转信息。

3. 审计跟踪是否重要（显示出处）？

是的，食品链中顾客和监管机构有此要求。

4. 数据更改是否需要跟踪（数据不可变性）？

是的，食品链中数据更改涉及不同公司之间资产控制权的转移。

综上，我们的食品链案例满足了成为一个良好的区块链应用案例的所有要求。但是食品链中涉及的物联网的特点是什么呢？例如，由于物联网技术涉及范围从化肥使用数量到用于收割的农用车里程数，所以基于物联网的智能农场有助于种植者和农民减少不必要的浪费，提高生产力，此外食品污染及其可能产生的后果也可通过事前发现问题苗头来预防。

此外，由于传感器允许维修工程师关注设备实时情况，因此物联网技术还提供实时监控功能，不仅可检查历史数据，而且还节省成本。

5.3　小结

综上所述，食品链极其复杂，许多因素高度相互依存。食品产业链存在诸多挑战，任何一个环节出问题，都会给顾客带来风险。

以往，我们需要工人亲自在场监督食品流转的每个环节，现在通过联网设备可视化，运维工程师可以更好地了解设备、库存和人员情况。

这主要是由于区块链技术可以为食品链参与者（包括顾客）提供共享信息。物联网技术在食品工业中主要通过传感器、条形码读取器和 QR 码等核心技术实现，而物联网与区块链技术的集成不仅可以解决许多问题，而且可以带来食品行业的变革。

具体来讲，安装在设备上的联网的传感器，通过系统实时生成的警报等信息监测食品安全。运维工程师可以通过智能手机或平板电脑从任何地方访问这些实时数据。用于食品安全的物联网系统功能包括：实时了解食品加工设备状况，一旦出现任何问题就自动发送警报，并提供下一步故障排除和解决问题的建议。

在下一章中，我们将把食品链上的这些挑战和能够缓解这些问题的技术联系起来。

5.4 补充阅读

- 美国疾病控制与预防中心是美国卫生及公共服务部的所属机构：https://www.cdc.gov/。

- 圣保罗丑闻：https://www.brasildefato.com.br/2018/05/10/as-gestoes-tucanas-e-o-roubo-da-merenda-escolar/ 和 https://www.gazetadopovo.com.br/politica/republica/desvio-na-merenda-escolar-pf-desvenda-escandalo-de-r-16-bilhao-4zr4w5xhhy18ja0skldd83cmf。

设计解决方案架构

在本章中，我们将回顾基于物联网和区块链的食品链解决方案架构，并重点探讨以下主题：

- **业务方面**：将回顾业务组件构成和主要参与者，以及生产和消费者之间的交易过程。
- **技术方面**：将展示我们技术解决方案的架构。
- **软件方面**：将展示解决方案细节。

6.1 食品产业

现代食品链大而复杂，参与者们直接或间接地影响着食品的生产和运输。

我们首先了解一下现代食品生产过程，现代食品链面临哪些挑战，并提出一种基于区块链和物联网技术的解决方案：

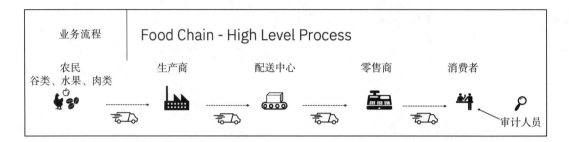

上图是现代食品链业务流程的简化版，实际链条要比上图庞大得多。例如，很多超市都有它们自己的销售中心，所以这里也没有涵盖例如港口和海关等其他参与者。

对于我们的应用案例，我们将设法从产品交付给生产商时起对其进行说明。产品任选，这里以鸡腿为例。

假设我们管理的资产是一个装满鸡腿的盒子，另一个资产是一个装满装着鸡腿的盒子的搬运托盘。在食品链中，我们将关注以下参与者流程：生产商、配送中心和零售商。

如前所述，现代食品链中有许多参与者，但我们遵循的是一个更简单的流程，而不一定是现实生活中所遵循的实际流程，目标是了解物联网和区块链如何帮助食品链中的各方解决实际问题。

6.1.1　食品生态系统的挑战

我们选择关注的食品链中有许多挑战，在这里简单列示如下：

- **农民面临的挑战**：确保有关原材料关键信息的安全可靠，包括产品说明、检查日期、库存信息等。
- **生产商面临的挑战**：确保产品来源安全；产品能够安全交付和接收；尽

量用电子装置包装产品，减少人工参与；使用条形码和二维码为监管者
和消费者提供信息标签。

- **零售商面临的挑战**：检查包装的完整性，保证产品运输过程的可视化，
对产品生产日期、仓库检验和质量控制等方面进行管理。
- **消费者面临的挑战**：对产品的原产地等包装中的信息充分信任，可迅速
识别产品，且必要时能够排除可疑产品。

6.1.2 食品加工环节

下面从我们的目标开始。案例中，产品原料到达工厂后，被切割、打包、
装盒、储存，在交货前将盒子放在搬运托盘上。

搬运托盘是用于运输货物的木制、金属或塑料平台，我们在下图中可以
看到：

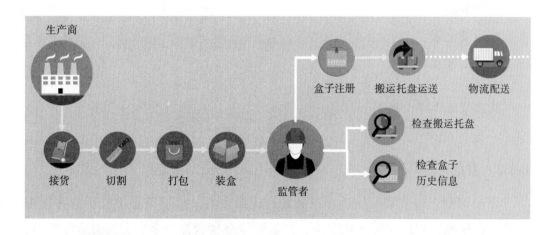

产品在加工环节必须进行登记的重要数据包括：

- 库存量单位（Stock Keeping Unit，SKU）。
- 动物来源。

- 生产厂家名称。
- 动物信息。
- 质量控制。
- 减排日期。
- 是否冷藏。
- 技术主管信息。
- 发货日期。
- 温度和物流信息。

在登记盒子或搬运托盘时记录下列详细信息：

- 库存量单位。
- 日期。
- 厂家地址。
- 冷藏温度。
- 质量记录。
- 搬运托盘代码。

我们来看下一个环节：

6.1.3 食品配送环节

经过切割、包装和运输后，产品到达配送中心，那里负责接收货物并检查产品储存情况。根据实际运输需求，产品可能会被放在一个更大的搬运托盘中，以便更适合火车或卡车运输。

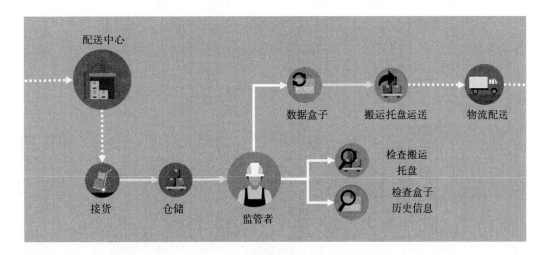

为了避免产品出现任何问题，配送中心会检查工厂发送的数据。如果有任何额外变化，如搬运托盘转移，都需要在产品信息包中添加相应信息。

对于产品来讲，要记录如下信息：

- 收货日期。
- 搬运托盘号。
- 收货温度。
- 储存温度。
- 运输公司名称。
- 密封情况。

对于搬运托盘来讲，要记录如下信息：

- 目的地代码。
- 搬运托盘代码。
- 日期。
- 分销环节温度。

- 运输公司名称。

经过检验，产品被送到零售商手中。

6.1.4 食品零售环节

商店收到产品后需要查货物是否符合要求，拆开搬运托盘，打开盒子，产品检查过程结束：

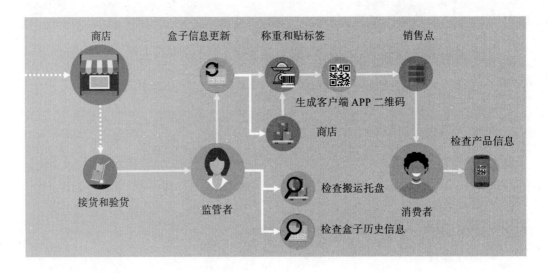

在零售环节，一定要记录如下信息：

- 收货日期。
- 搬运托盘号。
- 收货温度。
- 储存温度。
- 运输公司名称。
- 密封情况。

现在，商店可以在产品上贴上标签了，产品将直接或过一段时间被摆在货架上出售。

6.2　技术方案

现在我们已经了解了食品链的整个过程以及每个环节的潜在问题，下面我们来看看区块链和物联网技术在此如何发挥作用。下图为标准的区块链 Hyperledger Fabric 架构图示：

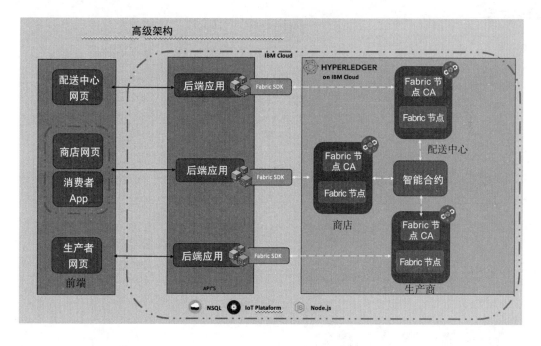

上图向我们展示了区块链的三层架构，包括前端应用（左侧）、API/SDK（中间）、Hyperledger Fabric 和物联网平台（右侧）。

下面对每层架构进行解读：

6.2.1 前端应用

该层负责数据输入，可以是一个数据包，比如来自 SAP、Salesforce 或 Siebel 的数据包，或者是自定义的应用。它还可以与物联网设备交互，收集数据并在区块链账号中注册。开发前端应用由以下几个方面组成：

 好吧，我知道每层架构都有很多工具，这里只用了我比较熟悉的工具。

这种前端架构使得我们可以将服务从单个接口中分离出来，这样我们就可以将用户体验（User eXperience，UX）扩展到其他平台，而不用重新构建服务内容。

6.2.2　基于物联网的资产跟踪技术

物联网在食品链中起着重要作用。物联网设备可以跟踪资产，而且有很多型号可供选择。有测量温度的传感器，进行位置跟踪的 GPS、信标、SigFox、Wi-Fi、4G 和 Sub1Ghz。这些设备和网络可以广泛应用于农场、工厂、运输公司、配送中心和零售网点，适用范围涵盖食品链中的所有参与者。

食品链的主要挑战来自运输环节。许多食品的运输需要特定环境，因为一些食品易腐烂，而温度控制对于预防食品污染和腐烂至关重要。

下面看一下如何使用物联网设备来解决这个问题。粒子电子资产跟踪器（The Particle Electron Asset Tracker，如下图所示）可用于收集温度和环境数据，识别 GPS 定位，并进行蜂窝三角测量等：

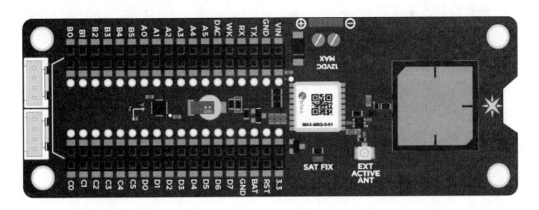

这个跟踪器允许我们连接 u-blox M8 GNSS GPS 接收器和 Adafruit LIS3DH 三轴加速器。我们也可以将 Grove 传感器与其连接。

下面让我来看一下这种物联网平台的架构：

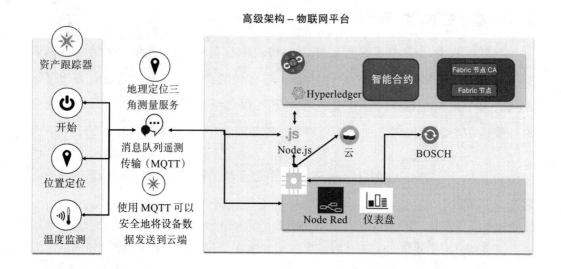

上图向我们展示了解决方案的重要组件，包括：

消息队列遥测传输（Message Queuing Telemetry Transport，MQTT）：这是指一个基于 TCP 的可发布 – 订阅消息的传递协议；专门用于远程连接，需要少量代码占用，或者对网络带宽有要求；发布 – 订阅消息传递模式需要消息代理。

Node-RED：这是一个编程工具，利用可以创建 JavaScript 函数的流编辑器将硬件设备、API 和在线服务以一种简单的方式连接起来。

IBM Cloud：这是一组云计算服务。

Bosch IoT Rollouts：这是博世物联网套件中的一项云服务，使用户能够管理边缘设备、控制器和网关的软件更新。

那么，这些组件是如何结合在一起来帮助食品链运转的呢？

- Node-RED 控制面板仪表盘使我们能够选择一个资产跟踪器，并检查位置、数据、设备状态和其他信息。

- 资产跟踪器可以在移动网络上激活或更新。
- 地理位置数据可以定期传输，通过 Node-RED 仪表盘进行跟踪。
- 资产跟踪器设备查询温度数据，然后查询位置或速度数据。
- Node-Red 可以将温度、位置和速度数据写入 Hyperledger Fabric 中。
- Node-Red 仪表盘查询 Hyperledger 结构中的各种任务信息，例如交易历史记录、日期和时间数据以及地理传感器数据。

6.2.3　API/SDK

API/SDK 是区块链网络中连接的集成层，通常使用 Node.js 开发，在调用智能合约中起着重要的作用。今天，我们可以找到使用 Go 和 Java 的 API/SDK 文档，以及 Python 文档。

有关如何使用 API/SDK 将应用程序与区块链网络集成，可以参考此链接：https：/hyperledger-fabric.readthedocs.io/en/release-1.3/fabric-sdks.html。

下图展示了一个与 API/SDK 集成且与 Hyperledger Fabric 交互的应用：

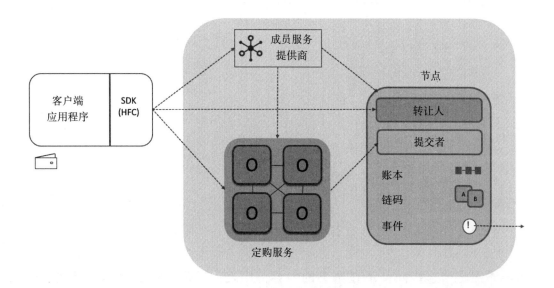

Composer Java Script SDK 是从 Node.js 派生的，它允许开发人员将应用程序与他们的业务网络集成起来。包括两个 npm 模块：

Composer-client：此模块通常作为应用程序的本地必安装项。它提供 API，用来将业务应用程序连接到业务网络，目的是访问资产和参与者并提交交易。对于生产商来讲，这是应用程序唯一需要添加的模块。

Composer-admin：此模块通常作为管理应用的本地必安装项。这个 API 允许创建和定义业务网络。

现在让我们继续讨论解决方案中的最后一层。

6.2.4 Hyperledger Composer——高级概述

Hyperledger Composer 是一种创建区块链网络的简单方法，它集成了一个全栈工作解决方案，就像 Hyperledger Composer 架构站点提供的那样。

在较高级别上，Hyperledger Composer 由以下组件组成：

- 执行 runtime。
- JavaScript SDK。
- 命令行接口（CLI）。
- REST 服务器。
- 环回连接器。
- Playground 网络用户界面。
- Yeoman 代码生成器。
- VS Code 和 Atom 编辑器插件。

详细介绍这些插件不在本书的内容范围之内。你可以访问这个链接，简要地了解这些组件：https:// hyperledger. github. io/composer/latest/introduction/solution-architecture。

6.3 软件组件

现在，我们将从架构师的角度来看看解决方案的软件组件。这是熟悉所有组件并更好地理解它们是如何集成的一个好方法。

首先，我们探究最重要的组件之一：身份验证过程。

如何保证食品链中的每个成员在前端应用中都有正确的访问权限？在回答了这个问题之后，我们将深入研究 Hyperledger Composer 最重要的组件：建模语言和交易处理器功能。

6.3.1 Composer REST 服务器

要验证客户端，我们需要设置一个 REST 服务器。有了这个选项，在允许客户端在 REST API 中进行调用之前，应该对其进行身份验证。

REST 服务器使用一个名为 PASSPORT 的开源软件，它是 Node.js 的身份验证中间件。它灵活且模块化，支持通过用户名和密码、Facebook、Twitter、Google 和**轻量级目录访问协议**（Lightweight Directory Access Protocol，LDAP）等进行身份验证。在第 7 章中，我们将就此进行详细说明。现在，让我们回顾一下组件将如何工作。

下图中，我们可以看到使用 Composer REST 服务器的高级身份验证架构：

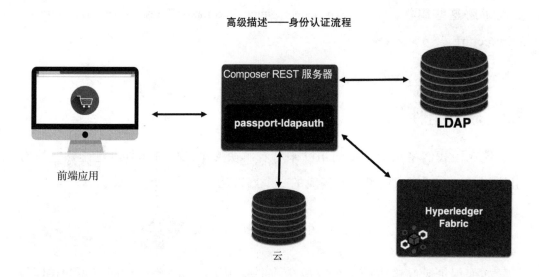

下面的组件已经在图中进行了描述：前端应用、Composer REST 服务器、LDAP 和云（Cloudant，NoSQL 数据库）。

> 如果正在进行测试，或者需要快速创建身份证明，建议使用 Facebook、Google 或 Twitter 进行身份验证，这将比其他方法更容易、更快。

要使用前面的方法，并利用 Composer REST 服务器，我们需要进行一些定制，这需要执行下列步骤：

1. 下面一行是 `composer-rest-server` 安装时，需要在行之前执行的命令：

```
apk del make gcc g++ python git
```

在使用此方法之前，请确保你有一个干净的环境，清除所有以前的安装。

2. 若要自定义 Composer REST 服务器 Dockerfile，请在 Run 语句中添加以下命令：

```
su -c "npm install -g passport-ldapauth" - composer && \
```

3. 创建以下环境变量:

```
export COMPOSER_CARD=admin@interbancario
export COMPOSER_NAMESPACES=require
export COMPOSER_AUTHENTICATION=true
export COMPOSER_MULTIUSER=true
```

4. 如果正在检查 API 调用并接收到 404,这意味着没有登录:

```
export COMPOSER_PROVIDERS='{
    "ldap": {
    "provider": "ldap",
    "authScheme": "ldap",
    "module": "passport-ldapauth",
    "authPath": "/auth/ldap",
    "successRedirect": "<redirection URL. will be overwritten by
the property 'json: true'>",
 "failureRedirect": "/?success=false",
 "session": true,
    "json": true,
    "LdapAttributeForLogin": "< CHANGE TO LOGIN ATTRIBUTE >",
    "LdapAttributeForUsername": "<CHANGE TO USERNAME ATTRIBUTE>",
     "server": {
     "url": "<URL DO LDAP>",
     "bindDN": "<DISTINGUISHED USER NAME FOR A SEARCH>",
     "bindCredentials": "<USER PASSWORD FOR A SEARCH>",
     "searchBase": "<PATH WITH USERS LIST WILL BE STORED>",
     "searchFilter": "(uid={{username}})"
    }
  }
}'
```

5. 检查钱包中是否有 API:

```
TestValideteLastProcess:A Transaction named TestValideteLastProcess
UpdateOpportunityStatus: A Transaction named
UpdateOpportunityStatus
Wallet:Business network cards for the authenticated user
```

为了更好地理解身份验证流程,我们看一下这个执行流程:

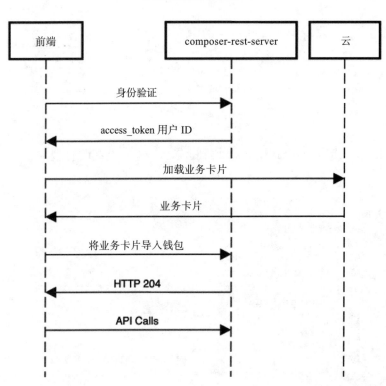

身份验证要求 composer-rest-server 的每个 API 调用都必须包括 access_token。想了解更多相关内容，请访问：https://hyperledger.github.io/ composer/v0.16/integrating/enabling-rest-authentication。

使用 curl 的一些示例包括：

```
curl -v http://localhost:3000/api/system/ping?access_token=xxxxx
```

又例如：

```
curl -v -H 'X-Access-Token: xxxxx'
http://localhost:3000/api/system/ping
```

6. 这是设置 `composer-rest-server` 的最后一步：使用 Cloudant 创建名片。

利用接下来的几个属性创建成员卡片：

- **ID**: `wallet-data/admin@system name`
- **Key**: `wallet-data/admin@system name`
- **Value**: `{"rev" : "5-1af3gs53gwh...."}`

上传附件，如下所示：

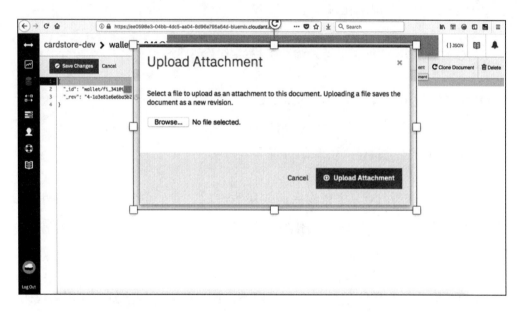

在第 7 章中，我们将对此进行部署。

6.3.2　Hyperledger Composer 模型

识别区块链应用案例的方法有很多，让我们记住第 3 章中讲到的一些好的应用案例的重要指标。

- 是否涉及业务网络？

- 如果是，是否存在需要验证且可审计的事务？
- 数据透明度以及数据更改是否重要？

在确定了这些问题的答案之后，头脑风暴会议是比较好的沟通方式，会议可详细说明解决方案、确定最佳解决方案平台（如 IBM Food Security）或开始创建自定义应用案例。

使用 Hyperledger Composer 建模语言可以很容易地定义资源结构，该结构将作为交易处理，并记录在账本上。

CTO 文件使用三个主要元素为业务网络定义创建域模型：

- 包含文件中所有资源声明的单个命名空间。
- 包含资产、事务、参与者和事件的一组资源定义。
- 从其他命名空间导入资源的可选导入声明。

在第 7 章，创建区块链和物联网解决方案时，我们创建了一个业务网络。让我们更详细地研究我们使用的代码：名称空间是资产、事件、参与者和事务的基本定义，如下所示。

在第 7 章中，我们将创建一个业务网络，让我们更详细地研究使用的代码：

命名空间是资产、事件、参与者和交易的基本定义，如下所示：

```
// **
 * Sample business network definition.
 */
 namespace org.example.basic
```

资源和枚举类型的声明显示在以下代码中：

```
asset SampleAsset identified by assetId {
  o String assetId
  --> SampleParticipant owner
  o Double value
}

participant SampleParticipant identified by participantId {
  o String participantId
  o String firstName
  o String lastName
}
```

交易过程函数在使用业务网络连接 API 提交交易时由运行库自动调用：

```
transaction SampleTransaction {
  --> SampleAsset origin
  --> SampleAsset target
    o Double txTransferAmount
}

event SampleEvent {
  --> SampleAsset origin
  --> SampleAsset target
    o Double txTransferAmount
}
```

有关 Hyperledger Composer 建模语言的更多信息，请访问以下链接：

https://hyperledger.github.io/composer/v0.16/reference/cto_language.html

https://hyperledger.github.io/composer/v0.16/reference/js_scripts.html

6.3.3　Hyperledger Composer 访问控制语言

Hyperledger Composer 有一个访问控制文件（.acl），可以用它来对业务访问控制和网络访问控制进行编程。业务访问控制用于业务网络中的资源，而网络访问控制是指对管理网络更改的控制。

下面是授予网络访问控制的一个示例：

```
rule networkControlPermission {
  description:  "networkControl can access network commands"
  participant: "org.acme.foodchain.auction.networkControl"
  operation: READ, CREATE, UPDATE
  resource: "org.hyperledger.composer.system.Network"
  action: ALLOW
}
```

又例如：

```
rule SampleConditionalRuleWithTransaction {
    description: "Description of the ACL rule"
    participant(m): "org.foodchain..SampleParticipant"
    operation: ALL
    resource(v): "org.example.SampleAsset"
    transaction(tx): "org.example.SampleTransaction"
    condition: (v.owner.getIdentifier() == m.getIdentifier())
    action: ALLOW
}
```

通过访问以下链接，可以获得有关 Hyperledger Composer 访问控制语言的更多信息：https://hyperledger.github.io/composer/v0.16/reference/acl_language.html。

6.3.4　Hyperledger Composer 交易处理函数

Hyperledger Composer 业务网络定义由一组模型文件和一组脚本组成。脚本可以包含执行交易过程的交易处理函数，这些交易是在业务网络的模板文件中定义的。

下面是一个交易执行脚本文件的样例：

```
Sample transaction processor function.
  * @param {org.example.basic.SampleTransaction} tx The sample transaction
instance.
  * @transaction
  */
async function sampleExchange(tx) {
    // Get the asset registry for the asset.
```

```
        const assetRegistry = await
getAssetRegistry('org.example.basic.SampleAsset');

        //Ensure the balance is greather than the amount to be transfered
        if(tx.origin.value > tx.txTransferAmount) {

    //charge from receiver account
    tx.origin.value = (tx.origin.value - tx.txTransferAmount);
    //add to receiver account
    tx.target.value = (tx.target.value +  tx.txTransferAmount);
    // Update the asset in the asset registry.
    await assetRegistry.update(tx.origin);
    await assetRegistry.update(tx.target);
    // Emit an event for the modified asset.
    let event = getFactory().newEvent('org.example.basic', 'SampleEvent');
    event.origin = tx.origin;
event.target = tx.target;
event.txTransferAmount = tx.txTransferAmount;

emit(event);

}else{
throw Error(`You do not have enough balance for this transaction:
Balance US$: ${tx.origin.value}
Transfer Amount: ${tx.txTransferAmount}`);
}
}
```

如我们所见，在使用 BusinessNetworkConnection API 提交交易时，交易处理器函数由 runtime 自动调用。文档中的 Decorators 用于注释 runtime 处理所需的元数据函数，并且每个交易类型都有一个用于存储交易的关联注册表。

6.4　小结

本章描述的架构涉及许多组件，实现起来有点复杂。到目前为止，我们已经确定，物联网和区块链的结合可以缓解几个问题，改变现代食品链的运作方式。例如，增加成员之间信息透明度，使它们能够更有效地控制数据；提高数据安全性；使流程更加自动化；尽量减少中间环节；使链条整体更加简化。

我们还看到物联网设备、传感器功能的扩展，它们能够在需要最少人工或不需要人工的情况下实现机器间的交互。这些技术组件带来了前所未有的自动化，既降低供应成本，也节约能源。

区块链与物联网的集成将使边缘设备（如传感器、条形码和二维码扫描事件）和基于视频识别的资产之间的数据交换成为可能。与传感器连接的资产将能够记录敏感信息，如特定仓库的位置和温度，并且可以在区块链上自动记录或更新这些信息。

随着对架构及其技术组件的更好理解，我们将能够为现代食品链充分实现一个使用物联网和区块链的解决方案。

在下一章中，我们将学习如何用物联网创建自己的区块链。

6.5 问答

问：在区块链网络中，如果物联网安全不能保证，是否会危及数据安全？

答：有时，一些公司在使用物联网时不注重安全。也许是因为这是一项新技术，它们不相信它会带来巨大风险。然而事实是，企业正在将不安全的设备引入到它们的网络中，然后无法更新软件。不应用安全补丁虽然很常见，但其影响有限，联网的不安全物联网设备则会随时引发灾难。想想黑客和 DDoS 攻击吧！应该为物联网设备制定一个强有力的安全计划，类似于互联网服务的安全计划，例如计划可包括设备标识和程序更新功能，可一定程度上缓解此类问题。

问：区块链技术足够成熟了吗？

答：目前，市场上有许多区块链平台提供商可供选择。家乐福、沃尔玛等公司也已经加入了这些平台，在区块链平台上运行它们的业务。

问：使用物联网和区块链技术实现解决方案有多复杂？

答：本章中提到的大多数技术都是开源的，已经被许多公司使用过。这表明，我们谈论的不是那么复杂的东西，而是大多数开发人员可以使用的东西。

问：开发一个覆盖整个食品链的解决方案有多复杂？

答：这的确不是一件容易的事。可以从验证应用案例开始，良好的应用案例是必不可少的。此外，检查是否涉及业务网络。物联网在跟踪追溯资产方面也起着重要作用，应该有一个资产跟踪的安全计划。

问：我是否应该考虑使用开源工具，如 Hyperledger Fabric 或 Composer？

答：Hyperledger 是 Linux Foundation 开创的一个项目，Linux Foundation 会员有 250 多家公司，包括金融、银行、供应链、制造业等领域的佼佼者，例如 IBM、Cisco、美国运通、富士通、英特尔和摩根大通都使用 Linux Foundation 的技术。换句话说，只要安全措施到位，使用这些技术都是没有问题的。

6.6　补充阅读

- Hyperledger Composer 的详细讲解可在 Composer 网站上找到：https://hyperledger.github.io/composer/v0.19/introduction/solution-architecture。
- 本章的重点是 Hyperledger Composer。如果想研究 Hyperledger Fabric 的架构，可访问下面网址：https://hyperledger-fabric.readthedocs.io/en/release-1.3/arch-deep-dive.html。

- Yeoman 是一个开源框架，它负责创建前端应用，更多信息可访问如下网址：https://yeoman.io/。
- Passport 是 Node.js 的身份验证中间件，更多信息可访问如下网址：http://www.passportjs.org/。
- 通过访问以下链接，可以获得有关 Hyperledger Composer 访问控制语言的更多信息：https://hyperledger.github.io/composer/v0.16/reference/acl_language.html。
- 通过访问以下链接，可以获得有关 Hyperledger Composer 建模语言的更多信息：

  ■ https://hyperledger.github.io/composer/v0.16/reference/cto_language.html。

  ■ https://hyperledger.github.io/composer/v0.16/reference/js_scripts.html。
- 有关 composer-rest-server 的相关信息参见以下链接：https://hyperledger.github.io/composer/v0.16/integrating/enabling-rest-authentication。

第 7 章 *Chapter 7*

创建自己的区块链和物联网解决方案

正确理解上一章中提出的项目目标，现在开始工作！在本章中，我将指导你使用 Hyperledger Composer 创建区块链网络。

本章学习内容如下：

- 创建区块链网络。
- 使用 Hyperledger Composer 定义资产、参与者、事务和访问控制列表（ACL）。
- 将 Hyperledger 环境连接到网络。

我们还将借用第 2 章中的代码，建立一个设备，监视发货并与区块链网络进行交互。

7.1　技术要求

要访问完整代码，必须在计算机上安装 Hyperledger Fabric/Composer 环境，包括一些先决条件，以及一个能够开发 Node.js 应用的 IDE（推荐使用 Visual Studio Code）。

可通过该链接查阅本章代码：https://github.com/PacktPublishing/Hands-On-IoT-Solutions-with-blockchain/tree/master/ch7/hands-on-iot-blockchain。

7.2　解决方案概览

在这里，我们将处理从农场到餐桌整个食品生命周期中最重要的部分之一：将产品从食品厂转移到杂货店。

下图显示了每个给定阶段的解决方案：

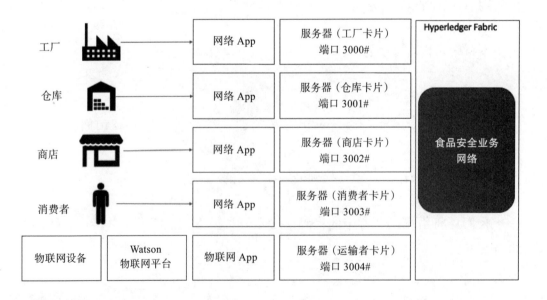

根据上图，我们重点说明以下四个参与者：

- **工厂**（Factory）：这是食品安全解决方案的起点。工厂负责从农场收集原始数据，并创建一个发送到仓库的食品盒，并将该食品盒传送给运输者。允许这个参与者进行的工作是增加一个新食品盒，并将该食品盒传送给运输者。
- **运输者**（Transporter）：运输公司负责在指定温度下将产品从工厂运送到仓库，再从仓库运送到商店。为运输程序定义的操作要对其控制的资产添加温度监测程序，并将资产转移到仓库或商店。
- **商店**（Grocery Store）：上图是一家向消费者出售食品盒的公司。商店是连锁店的终点，消费者可以在那里通过食品盒上的信息了解产品，商店则主要通过查看搬运托盘和食品盒上的信息了解产品。
- **消费者**（Consumer）：他们是食品盒到达的最终目标。消费者对追踪食品盒经过的链条很感兴趣，所以有一个映射的操作来查看食品盒的信息。

我们将使用业务卡片为每个参与者创建一个 Composer REST 服务器实例，因此总共将有 4 个 Composer REST 服务器实例。还有食品盒和搬运托盘，其定义如下：

- **食品盒**（FoodBox）：它代表在工厂生产的产品，其信息贯穿于整个食品链过程中。
- **搬运托盘**（Pallet）：这代表了一组食品盒，这组食品盒被装在一个搬运托盘上从仓库运送到商店。

下面开始我们的区块链网络解决方案。

7.3　创建区块链网络

要开发区块链网络，首先必须使用 Yeoman 命令行创建业务网络项目，然后为其命名：

```
$ yo hyperledger-composer
Welcome to the Hyperledger Composer project generator
? Please select the type of project: Business Network
You can run this generator using: 'yo hyperledger-composer:businessnetwork'
Welcome to the business network generator
? Business network name: food-safety-b10407
? Description: Hands-on IoT solutions with Blockchain
? Author name: Maximiliano and Enio
? Author email: max.santos@gmail.com
? License: Apache-2.0
? Namespace: com.packtpublishing.businessnetwork.foodsafety
? Do you want to generate an empty template network? Yes: generate an empty
template network
   create package.json
   create README.md
   create models/com.packtpublishing.businessnetwork.cto
   create permissions.acl
   create .eslintrc.yml
```

Yeoman 生成器为 Hyperledger Composer 业务网络创建一个具有基本结构的文件夹。

.cto 文件包含业务网络定义：资产、参与者、交易和查询，而 .acl 文件包含资产和交易的访问控制列表。

下面，我们将编写业务网络定义，启动 Visual Studio Code 并打开由 Yeoman 创建的文件夹。

要开始开发区块链解决方案，请打开以下文件并开始编码：models/com.packtpublishing.businessnetwork.cto。

7.3.1　概念和枚举

通过在 Hyperledger Composer 中创建更具可读性的结构，创建在资产、参与者和事务中常见的组合数据类型是一个很好的实践。这些结构就是概念和枚举。

我们将在解决方案中使用以下结构：

```
// Tracking information when an asset arrives or leaves a location
enum LocationStatus {
 o ARRIVED
 o IN_TRANSIT
 o LEFT
}

// Location Types
enum LocationType {
 o FACTORY
 o WAREHOUSE
 o TRANSPORTER
 o STORE
}

// A measurement sent by the transporter sensor
concept Measurement {
 o DateTime date
 o Double value
}

// Check if it's in the factory, warehouse
concept Location {
 o DateTime date
 o LocationType location
 o String locationIdentifier
 o LocationStatus status
}
```

接下来，我们来看看如何在业务网络中定义资产。

7.3.2　资产定义

在定义了区块链网络的基本结构之后，我们将定义其中使用的资产，包括食品盒和食品搬运托盘，其代码定义如下所示：

```
// Definition of a food box
asset FoodBox identified by foodBoxIdentifier {
 o String foodBoxIdentifier
```

```
o Location[] assetTrackingInformation
o Measurement[] measureTrackingInformation
--> FoodSafetyParticipant  owner
}

// Definition of a pallet that groups food boxes
asset FoodBoxPallet identified by foodBoxPalletIdentifier {
o String foodBoxPalletIdentifier
--> FoodBox foodBoxInPallet
o Location[] assetTrackingInformation
o Measurement[] measureTrackingInformation
--> FoodSafetyParticipant  owner
}
```

7.3.3　参与者

参与者是与区块链网络交互的角色。每个参与者都在业务网络中承担不同角色，其权限在访问控制列表中定义，如下所示：

```
abstract participant FoodSafetyParticipant identified by identifier {
o String identifier
o String name
}

participant FoodFactory extends FoodSafetyParticipant {
}
participant Warehouse extends FoodSafetyParticipant {
}

participant Transporter extends FoodSafetyParticipant {
}

participant Store extends FoodSafetyParticipant {
}

participant Consumer extends FoodSafetyParticipant {
}
```

7.3.4　为 Hyperledger 部署和测试业务网络

为了测试，我们将授权所有参与者可以访问区块链网络的所有资源。

1. 为了实现这一点，我们将在 `permissions.acl` 文件中添加以下行（而不删除任何现有的规则）：

```
rule Default {
    description: "Allow all participants access to all resources"
    participant: "ANY"
    operation: ALL
    resource: "com.packtpublishing.businessnetwork.foodsafety.**"
    action: ALLOW
}
```

有了定义好的规则，我们就能部署和测试账本了，而不需要额外的许可。

2. 定义网络之后，我们将生成一个 Business Network Archive（.bna）文件，并将其部署到 Hyperledger 环境中。确保你的环境在此之前已经启动并运行。要创建 .bna 文件，进入项目的根目录并运行以下命令：

```
$ composer archive create -t dir -n .
Creating Business Network Archive
Looking for package.json of Business Network Definition
    Input directory: /hands-on-iot-solutions-with-
blockchain/ch7/food-safety-b10407
Found:
    Description: Hands-on IoT solutions with Blockchain
    Name: food-safety-b10407
    Identifier: food-safety-b10407@0.0.1
Written Business Network Definition Archive file to
    Output file: food-safety-b10407@0.0.1.bna
Command succeeded
```

3. 如果你还没有生成 `PeerAdminCard` 文件，那么现在该生成了，并用下载 Fabric-dev 服务器的目录中的 `createPeerAdminCard.sh` 脚本导入它。

```
$ ~/fabric-dev-servers/createPeerAdminCard.sh
Development only script for Hyperledger Fabric control
Running 'createPeerAdminCard.sh'
FABRIC_VERSION is unset, assuming hlfv12
FABRIC_START_TIMEOUT is unset, assuming 15 (seconds)
Using composer-cli at v0.20.4
```

```
Successfully created business network card file to
    Output file: /tmp/PeerAdmin@hlfv1.card
Command succeeded
Successfully imported business network card
    Card file: /tmp/PeerAdmin@hlfv1.card
    Card name: PeerAdmin@hlfv1
Command succeeded
The following Business Network Cards are available:
Connection Profile: hlfv1
```

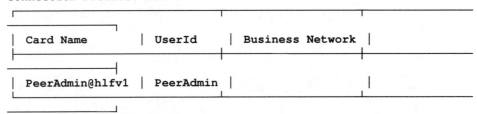

```
Issue composer card list --card <Card Name> to get details a
specific card
Command succeeded
Hyperledger Composer PeerAdmin card has been imported, host of
fabric specified as 'localhost'
```

4. 设置好所有内容后，将 .bna 文件安装到环境中，并通过运行以下命令启动网络：

```
$ composer network install --card PeerAdmin@hlfv1 --archiveFile
food-safety-b10407\@0.0.1.bna
√ Installing business network. This may take a minute...
Successfully installed business network food-safety-b10407, version
0.0.1
Command succeeded
$ composer network start --networkName food-safety-b10407 --
networkVersion 0.0.1 --networkAdmin admin --
networkAdminEnrollSecret adminpw --card PeerAdmin@hlfv1 --file
networkadmin.card
Starting business network food-safety-b10407 at version 0.0.1

Processing these Network Admins:
userName: admin
√ Starting business network definition. This may take a minute...
Successfully created business network card:
Filename: networkadmin.card

Command succeeded
```

5. 最后，导入开始过程中生成的网络管理员卡片，并对网络进行 ping，以确保它在环境中运行：

```
$ composer card import --file networkadmin.card
Successfully imported business network card
    Card file: networkadmin.card
    Card name: admin@food-safety-b10407

Command succeeded

$ composer network ping --card admin@food-safety-b10407
The connection to the network was successfully tested: food-safety-
b10407
    Business network version: 0.0.1
    Composer runtime version: 0.20.4
    participant: org.hyperledger.composer.system.NetworkAdmin#admin
    identity:
org.hyperledger.composer.system.Identity#f48a787ac40102cc7753336f8b
15dd20fa3765e7b9049b2aeda4dcc3816d30c1

Command succeeded
```

此时，我们已经创建了网络的第一个版本，生成了用于部署的包（.bna 文件），创建了 PeerAdminCard，将网络安装到 Hyperledger Fabric 环境，生成了负责管理区块链网络的 NetworkAdminCard，并启用了该网络。

使用管理卡片，我们将发送 ping 命令以确保网络已启动并运行。现在，来改进我们的网络。

7.3.5　通过区块链中的交易操控资产

交易是在 Hyperledger Composer 定义的业务网络对象上执行的基本操作。交易运行的范围限于 Hyperledger Composer 的环境和业务网络范围。

在这里演示的应用案例中，我们创建的交易将使用物联网设备提供的信息更新搬运托盘和嵌套的食品盒信息。

它由两个结构组成。第一个结构是交易的定义，它是在业务网络定义模型（.cto 文件）中创建的：

```
transaction updateTransportationData {
  --> FoodBoxPallet pallet
  o Location locationInformation
  o Measurement measurementInformation
}
```

另一个结构是实现交易的函数，该交易是在 JavaScript ES5 合规脚本（.js 文件）中创建的：

```
/**
 * Update pallets and boxes with measurements function.
 * @param
{com.packtpublishing.businessnetwork.foodsafety.UpdateTransportationData}
tx Update pallets and boxes with measurements.
 * @transaction
 */
async function updateTransportationData(tx) {

 // Get transaction parametes
 let newValue = tx.asset;
 let location = tx.locationInformation;
 let measurement = tx.measurementInformation;

 // Update Pallet data with measurements
 if( !newValue.assetTrackingInformation ||
newValue.assetTrackingInformation == undefined)
 newValue.assetTrackingInformation = [];
 if ( !newValue.measureTrackingInformation ||
newValue.measureTrackingInformation == undefined)
 newValue.measureTrackingInformation = [];

 newValue.assetTrackingInformation.push(location);
 newValue.measureTrackingInformation.push(measurement);
 // Update Boxes data with measurements
 let foodBox = newValue.foodBoxInPallet;
 if( !foodBox.assetTrackingInformation || foodBox.assetTrackingInformation
== undefined)
 foodBox.assetTrackingInformation = [];

 if ( ! foodBox.measureTrackingInformation ||
foodBox.measureTrackingInformation == undefined)
 foodBox.measureTrackingInformation = [];
```

```
foodBox.assetTrackingInformation.push(location);
foodBox.measureTrackingInformation.push(measurement);

// Get the asset registry for both assets.
let assetRegistryFoodBoxPallet = await
getAssetRegistry('com.packtpublishing.businessnetwork.foodsafety.FoodBoxPal
let');
let assetRegistryFoodBox = await
getAssetRegistry('com.packtpublishing.businessnetwork.foodsafety.FoodBox');

// Update the assets in the asset registry.
await assetRegistryFoodBoxPallet.update(newValue);
await assetRegistryFoodBox.update(foodBox);
}
```

7.3.6　创建并导出参与者业务卡片

为了正确地使用网络，我们将为每一类参与者（Factory、Warehouse、
Transporter、Store 和 Consumer）都创建它们各自的业务卡片，并将这
些信息导入到 Composer CLI 钱包中：

1. 首先，我们将创建参与者：

```
$ composer participant add -c admin@food-safety-b10407 -d
'{"$class":"com.packtpublishing.businessnetwork.foodsafety.Consumer
","identifier":"5","name":"Consumer"}'
Participant was added to participant registry.

Command succeeded

$ composer participant add -c admin@food-safety-b10407 -d
'{"$class":"com.packtpublishing.businessnetwork.foodsafety.Store","
identifier":"4","name":"Store"}'
Participant was added to participant registry.

Command succeeded

$ composer participant add -c admin@food-safety-b10407 -d
'{"$class":"com.packtpublishing.businessnetwork.foodsafety.Transpor
ter","identifier":"2","name":"Transporter"}'
Participant was added to participant registry.

Command succeeded

$ composer participant add -c admin@food-safety-b10407 -d
```

```
'{"$class":"com.packtpublishing.businessnetwork.foodsafety.Warehous
e","identifier":"3","name":"Warehouse"}'
Participant was added to participant registry.

Command succeeded

$ composer participant add -c admin@food-safety-b10407 -d
'{"$class":"com.packtpublishing.businessnetwork.foodsafety.FoodFact
ory","identifier":"1","name":"Factory"}'
Participant was added to participant registry.
Command succeeded
```

2. 然后，我们将发出一个标识，并使用以下命令导入它们各自的业务卡片：

```
composer identity issue -c admin@food-safety-b10407 -f <name of the output
file for the card> -u <participant name> -a <participant class# Participant
                                    id>
```

3. 对每个参与者重复此命令：Transporter 1、Store 1、Warehouse 1 和 Factory 1。

```
$ composer identity issue -c admin@food-safety-b10407 -f
consumer.card -u "Consumer" -a
"resource:com.packtpublishing.businessnetwork.foodsafety.Consumer#1
"
Issue identity and create Network Card for: Consumer

√ Issuing identity. This may take a few seconds...

Successfully created business network card file to
    Output file: consumer.card

Command succeeded
```

4. 为每个参与者将卡片导入 Composer CLI 钱包中，并检查是否所有卡片已成功导入：

```
$ composer card import -f consumer.card
Successfully imported business network card
    Card file: consumer.card
    Card name: Consumer 1@food-safety-b10407

Command succeeded
```

```
$ composer card list
The following Business Network Cards are available:
Connection Profile: hlfv1
```

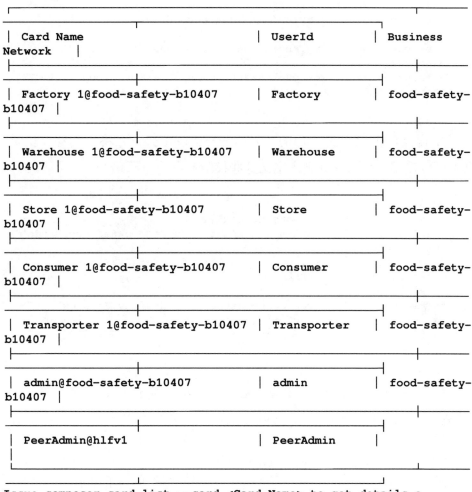

```
Issue composer card list --card <Card Name> to get details a
specific card

Command succeeded
```

7.3.7 定义访问控制列表

为了在网络上强制执行访问权限，我们将使用以下规则为参与者定义对资产的访问权限：

1. 只有工厂才能创建 FoodBoxes：

```
rule FoodBoxFactoryCreation {
 description: "Factories can create FoodBoxes"
 participant:
"com.packtpublishing.businessnetwork.foodsafety.FoodFactory"
 operation: CREATE
 resource: "com.packtpublishing.businessnetwork.foodsafety.FoodBox"
 action: ALLOW
}
```

2. 食品厂可以看到它们的 FoodBoxes 是什么，并将它们移交给运输者，我们可以使用一个条件规则来定义这些权限：

```
rule FoodBoxFactoryUpdateAndRead {
 description: "Factories can update and read owned FoodBoxes"
 participant(p):
"com.packtpublishing.businessnetwork.foodsafety.FoodFactory"
 operation: UPDATE, READ
 resource(b):
"com.packtpublishing.businessnetwork.foodsafety.FoodBox"
 condition: (p == b.owner)
 action: ALLOW
}
```

3. 下一个规则是针对 Transporters 的，它们可以读取和更新自己的 FoodBoxes。我们也会为 FoodBoxPallets 做同样的事情：

```
rule FoodBoxTransportersUpdateAndRead {
 description: "Transporters can update and read owned FoodBoxes"
 participant(p):
"com.packtpublishing.businessnetwork.foodsafety.Transporter"
 operation: UPDATE, READ
 resource(b):
"com.packtpublishing.businessnetwork.foodsafety.FoodBox"
 condition: (p   == b.owner )
 action: ALLOW
}

rule FoodBoxPalletTransportersUpdateAndRead {
 description: "ransporters can update and read owned FoodBoxes"
 participant(p):
```

```
"com.packtpublishing.businessnetwork.foodsafety.Transporter"
operation: UPDATE, READ
resource(b):
"com.packtpublishing.businessnetwork.foodsafety.FoodBoxPallet"
condition: (p  == b.owner )
action: ALLOW
}
```

4. 仓库还可以读取和更新其 FoodBoxes 信息，以及创建、更新和读取 FoodBoxPallets 信息：

```
rule FoodBoxPalletWarehouseCreate {
description: "Warehouses can create FoodBoxPallets"
participant:
"com.packtpublishing.businessnetwork.foodsafety.Warehouse"
operation: CREATE
resource:
"com.packtpublishing.businessnetwork.foodsafety.FoodBoxPallet"
action: ALLOW
}

rule FoodBoxWarehouseUpdateAndRead {
description: "Warehouses can update and read owned FoodBoxes"
participant(p):
"com.packtpublishing.businessnetwork.foodsafety.Warehouse"
operation: UPDATE, READ
resource(b):
"com.packtpublishing.businessnetwork.foodsafety.FoodBox"
condition: (p == b.owner )
action: ALLOW
}

rule FoodBoxPalletWarehouseUpdateAndRead {
description: "Warehouses can update and read owned FoodBoxes"
participant(p):
"com.packtpublishing.businessnetwork.foodsafety.Warehouse"
operation: UPDATE, READ
resource(b):
"com.packtpublishing.businessnetwork.foodsafety.FoodBoxPallet"
condition: (p  == b.owner)
action: ALLOW
}
```

5. 最后，商店可以阅读它们的 FoodBoxes 信息，而消费者可以阅读所有的 FoodBoxes 信息：

```
// Store Rules
rule StoreCanReadFoodBoxes {
 description: "Stores can update and read owned FoodBoxes"
 participant(p):
"com.packtpublishing.businessnetwork.foodsafety.Store"
 operation: READ
 resource(b):
"com.packtpublishing.businessnetwork.foodsafety.FoodBoxPallet"
 condition: (p  == b.owner )
 action: ALLOW
}

// Consumer Rules
rule ConsumersCanReadFoodBoxes {
 description: "Factories can update and read owned FoodBoxes"
 participant:
"com.packtpublishing.businessnetwork.foodsafety.Consumer"
 operation: READ
 resource: "com.packtpublishing.businessnetwork.foodsafety.FoodBox"
 action: ALLOW
}
```

应用这些规则之后，就可以测试网络了。

7.3.8 升级业务网络

以下四个步骤是升级已部署的业务网络所必需的：

1. 打开 Package.json 文件并更新应用的版本号。在我们的例子中，将更新到 0.0.2 版本，如下所示：

```
{
 "engines": {
 "composer": "^0.20.4"
 },
 "name": "food-safety-b10407",

 "version": "0.0.2",
...
```

2. 通过运行 `composer archive create -t dir -n.` 命令创建一个新的 BNA 文件：

```
$ composer archive create -t dir -n .
Creating Business Network Archive

Looking for package.json of Business Network Definition
 Input directory: /projects/hands-on-iot-solutions-with-
blockchain/ch7/food-safety-b10407
Found:
 Description: Hands-on IoT solutions with Blockchain
 Name: food-safety-b10407
 Identifier: food-safety-b10407@0.0.2
Written Business Network Definition Archive file to
 Output file: food-safety-b10407@0.0.2.bna

Command succeeded
```

3. 在 Hyperledger 环境中安装新的归档文件：

```
$ composer network install --card PeerAdmin@hlfv1 --archiveFile
food-safety-b10407\@0.0.2.bna
√ Installing business network. This may take a minute...
Successfully installed business network food-safety-b10407, version
0.0.2

Command succeeded
```

4. 升级（`upgrade`）网络：

```
$ composer network upgrade --card PeerAdmin@hlfv1 --networkName
food-safety-b10407 --networkVersion 0.0.2
Upgrading business network food-safety-b10407 to version 0.0.2

√ Upgrading business network definition. This may take a minute...

Command succeeded
```

如果所有命令都已成功运行，则业务网络将在新版本上运行，包括前面部分中创建的交易和 ACL。

7.3.9 为每个参与者设置 Composer REST 服务器

作为安装 Hyperledger Composer 开发环境的先决条件的一部分，还应该安装 Composer REST 服务器。

这个组件是一个基于 Loopback 框架（http://loopback.io）的 API 服务器（框架），它包括一个 `loopback-connector-composer`（用于连接到 Hyperledger Composer 环境）和一个动态收集资产、参与者和业务模式信息的脚本。

启动 Composer REST 服务器的最简单方法是运行 `cli` 命令并正确填写启动问卷。为了方便起见，我们将使用以下命令运行它：

```
composer-rest-server -c "<business card name>" -n never -u true -w true -p
<port defined for the participant server>
```

为每个参与者打开一个终端窗口，这样为其启动一个专用的 Composer REST 服务器：

```
composer-rest-server -c "Factory@food-safety-b10407" -n never -u true -w
true -p 3000

composer-rest-server -c "Warehouse@food-safety-b10407" -n never -u true -w
true -p 3001

composer-rest-server -c "Store@food-safety-b10407" -n never -u true -w true
-p 3002

composer-rest-server -c "Consumer@food-safety-b10407" -n never -u true -w
true -p 3003

composer-rest-server -c "Transporter@food-safety-b10407" -n never -u true -
w true -p 3004
```

每个正在运行的实例都与单个用户相关，这意味着通过 3003 端口的 Composer REST 服务器调用的所有操作都与标识符为 5 的使用者相关。例如，如果创建了一个新的 `Consumer` 参与者（例如 ID 6），那么必须向参与者发出新的业务卡片，并且必须使用新卡片启动 Composer REST 服务器。

在大部分应用案例中,对于整个组织来说,一张业务卡片就足够了。当然也可以根据需要按照公司治理模式制定发行业务卡片的不同规则,例如每个业务分支/子公司有自己的业务卡片,或者每个用户必须有自己的业务卡片。

此时,你的计算机上应该有 5 个 Composer REST 服务器实例,每个实例都应该能够在以下地址通过浏览器进行访问:http://localhost:<port>。

7.4 创建解决方案的物联网部分

在定义了整个区块链网络并让所有组成部分都启动运行之后,我们开始设置和开发设备,利用食品盒和搬运托盘测量数据来更新区块链账本信息。

为了完成以上任务,我们将使用与第 2 章中相同的方法创建一个新的应用,该应用接收搬运托盘测量数据,并使用 Composer REST 服务器公开的 API 来更新区块链账本。

7.4.1 硬件设置

为了安装监控设备,我们将设定一些与生产环境相关的假设:

- 运输车辆有 Wi-Fi 连接,车上设备可以连接网络。
- 监控设备记录的时间与应用上显示的时间同步(包括时区)。
- 所有盒子都用同一辆车同时运输,测量参数等信息适用于搬运托盘中的所有盒子。

在生产层面的应用中,这些限制条件/假设必须通过缓存非发布 (non-published) 事件和使用不同的网络(Sigfox, LoRAWan, 移动通讯等)等技术手段来实现,并且记录的实际时间必须与设备位置同步。

本项目中使用的硬件如下图所示：

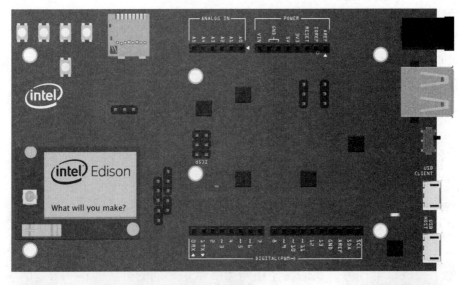

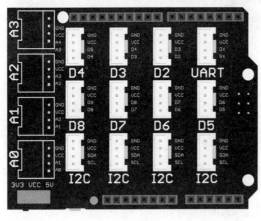

该图像在 Fritzing 中创建，并获得了 CC BY-SA 3.0 的许可，

参见 https://creativecommons.org/licenses/by-sa/3.0/

下表给出了每个组件的说明。你应该熟悉它们，因为它们在第 2 章中使用过：

数量	组件
1	Intel Edison 模块
1	Intel Edison Arduino 拓展板
1	Grove base shield v2
1	Grove 温度传感器 v1.2
1	Grove 通用 4 脚电缆

考虑到这些假设，应用中使用的设备是联网的，如下图所示。在这里，我们将 Grove 温度传感器连接到基础屏蔽中的 A3 连接插孔上。

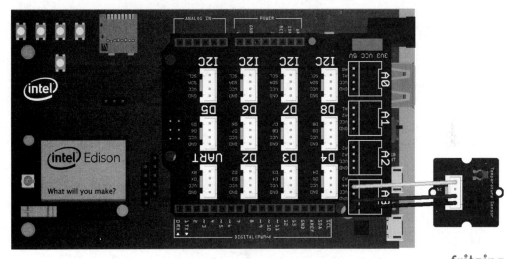

该图像在 Fritzing 中创建，并获得了 CC BY-SA 3.0 的许可，

参见 https://creativecommons.org/licenses/by-sa/3.0/

以上就完成了食品盒运输监测设备的配置。

7.4.2　固件开发

以下代码是从第 2 章中借用的，因为它们的主要硬件特点和目标都相同。

唯一的修改在已发布的 JSON 文档中：我们必须删除土壤湿度参数，在从工厂到仓库运输时增加食品盒 ID 参数，从仓库到商店运输时增加搬运托盘 ID 参数。

它检索 Grove 传感器的温度并将其发布到 Watson 物联网平台：

```
var iotf = require("ibmiotf");
var mraa = require('mraa');
var config = require("./device.json");
var deviceClient = new iotf.IotfDevice(config);
var temperatureSensor = new mraa.Aio(3);

var RESISTOR = 100000;
var THERMISTOR = 4250;
var getTemperature = function() {
    var sensorReading = temperatureSensor.read();
    var R = 1023 / sensorReading - 1;
    R = RESISTOR * R;
    var temperature = 1 /
(Math.log(R/RESISTOR)/THERMISTOR+1/298.15)-273.15;
    return temperature;
};

deviceClient.connect();
deviceClient.on('connect', function(){
    console.log("connected");
    setInterval(function function_name () {
// When transporting from Factory to Warehouse
    deviceClient.publish('status','json','{ "foodBoxId":"1",
"temperature":+           getTemperature()}',           2);

// When transporting from Warehouse to Store
// deviceClient.publish('status','json','{ "palletId":"1", "temperature":+
// getTemperature()}', 2);

 },300000);
});
```

7.4.3 应用开发

由于我们在本地运行 Hyperledger 环境，所以开发的应用也必须运行在与 Hyperledger 环境相同的网络上。我们没有在 IBM Cloud/Bluemix 中运行它，配置参数将存储在一个 JSON 文件中，其目录与应用的主要 .js 文件将运行的目录相同。

在这里列出了配置 JSON 文件的内容框架，必须用第 2 章中定义的详细信息对其进行更新：

```
{
    "org": "<your IoT organization id>",
    "id": "sample-app",
    "auth-key": "<application authentication key>",
    "auth-token": "<application authentication token>"
}
```

应用程序代码接收设备发布的所有事件，并根据收集的温度更新托盘中的 FoodBoxes：

```
// Composer Rest Server definitions
var request = require('request');
var UPDATE_BOX_URL = "http://<composer rest server
url>:3004/api/UpdateFoodBoxTransportationData"
var UPDATE_PALLET_URL = "http://<composer rest server
url>:3004/api/UpdateTransportationData"

// Watson IoT definitions
var Client = require("ibmiotf");
var appClientConfig = require("./application.json");
var appClient = new Client.IotfApplication(appClientConfig);

appClient.connect();]

appClient.on("connect", function () {
 appClient.subscribeToDeviceEvents();
});

appClient.on("deviceEvent", function (deviceType, deviceId, eventType,
format, payload) {
 // update food box
 // updateFoodBox(payload.temperature);
 // update pallet
 // updatePallet(payload.temperature);
 });
```

下面的代码通过 Composer REST 服务器调用区块链网络中的定义。

```
var updateFoodBox = function (temperature) {
   var options = {
      uri: UPDATE_BOX_URL,
      method: 'POST',
      json: {
   "$class":
"com.packtpublishing.businessnetwork.foodsafety.UpdateFoodBoxTransportation
Data",
   "asset":
"resource:com.packtpublishing.businessnetwork.foodsafety.FoodBox#<YOUR
FOODBOX ID>",
   "locationInformation": {
      "$class": "com.packtpublishing.businessnetwork.foodsafety.Location",
      "date": "2018-12-24T15:08:27.912Z",
      "location": "<LOCATION TYPE>",
      "locationIdentifier": "<LOCATION ID>",
      "status": "<LOCATION STATUS>"
   },
   "measurementInformation": {
      "$class": "com.packtpublishing.businessnetwork.foodsafety.Measurement",
      "date": "2018-12-24T15:08:27.912Z",
      "value": 0
   }
}
   };
}

var updatePallet = function (temperature) {
   var options = {
      uri: UPDATE_BOX_URL,
      method: 'POST',
      json: {
   "$class":
"com.packtpublishing.businessnetwork.foodsafety.UpdateTransportationData",
   "asset":
"resource:com.packtpublishing.businessnetwork.foodsafety.FoodBoxPallet#<YOU
R PALLET ID>",
   "locationInformation": {
      "$class": "com.packtpublishing.businessnetwork.foodsafety.Location",
      "date": "2018-12-24T15:09:02.944Z",
      "location": "<LOCATION TYPE>",
      "locationIdentifier": "<LOCATION ID>",
      "status": "<STATUS>"
   },
   "measurementInformation": {
      "$class": "com.packtpublishing.businessnetwork.foodsafety.Measurement",
      "date": "2018-12-24T15:09:02.944Z",
      "value": 0
   }
}
   };
}
```

7.5　端到端测试

为了测试，我们将对大多数操作使用 Hyperledger Composer Playground，但运输者更新除外。因此，可以停止在上一节中启动的所有 Composer REST 服务器，但为运输者启动的服务器除外（端口 3004）。

如果你的 Hyperledger Composer Playground 是在开发环境设置期间安装的，那么你所要做的就是运行 `composer-playground` 命令，或者使用 npm（`npm installg-g composer-playground`）安装它。

默认浏览器将打开 Composer-Playground 网络应用，如以下屏幕截图所示：

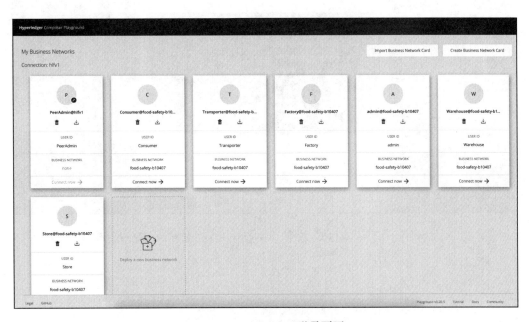

Composer Playground 登录页面

你看到的参与者与前面创建的相同。

7.5.1 创建食品盒

根据我们授予的权限，工厂是可以创建 Foodboxes 的，具体做法如下：

1. 找到 Factory 1 @food-safety-b10407 业务卡片，选择 Connect now，然后点击屏幕左上方的 Test 按钮。

2. 在左侧面板上，选择 Assets ->FoodBox，在右上角，点击 + Create New Asset 按钮：

3. 以下内容用于填写 JSON 文件，并点击 Create New 按钮创建资产：

```
{
  "$class":
"com.packtpublishing.businessnetwork.foodsafety.FoodBox",
  "foodBoxIdentifier": "2015",
  "assetTrackingInformation": [],
  "measureTrackingInformation": [],
  "owner":
"resource:com.packtpublishing.businessnetwork.foodsafety.FoodFactor
y#1"
}
```

7.5.2　将资产移交给运输者

利用 Hyperledger Composer Playground 移交食品安全网络中的一项资产，步骤如下：

1. 在应用的右上角，选择 My business networks 选项，并以运输者身份登录。

2. 如果你选择 Test，Assets → FoodBox，你会发现并没有资产：

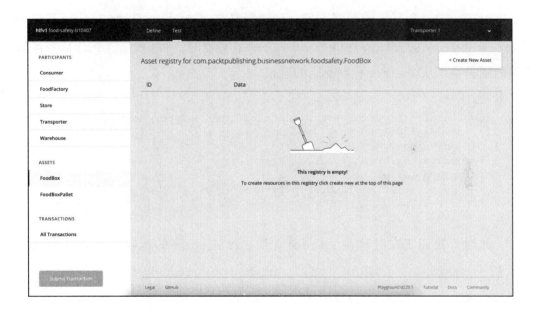

3. 返回 Factory 身份，选择资产数据右手边的 Edit 按钮，用下面的程序更新 JSON 文件：

```
{
 "$class":
"com.packtpublishing.businessnetwork.foodsafety.FoodBox",
 "foodBoxIdentifier": "1",
 "assetTrackingInformation": [],
 "measureTrackingInformation": [],
 "owner":
"resource:com.packtpublishing.businessnetwork.foodsafety.Transporte
r#2"
}
```

4. 保存资产，工厂身份登录将看不到此项。当你再用运输者身份登录时，你就以看到此项资产。

7.5.3 运输时测量温度

现在，我们将模拟运输过程中的温度测量。

我们在物联网应用代码中创建了以下注释代码，因为我们在两个不同的时间点处理运输过程采集的数据。第一种情况是将 FoodBox 从 Factory 运输到 Warehouse，这是由 updateFoodBox 函数实现的，而 updatePallet 函数目的则是处理从 Factory 到商店的运输。

```
appClient.on("deviceEvent", function (deviceType, deviceId, eventType,
format, payload) {
 // update food box
 // updateFoodBox(payload.temperature);
 // update pallet
 // updatePallet(payload.temperature);
 });
```

此时，我们正在处理从 Factory 到 Warehouse 的运输，因此取消代码第 19 行（updateFoodBox(payload.temperature)）的注释。然后更新第 30、34、35 和 36 行，为数据提供正确的值。

确保用于运输者的 Composer REST 服务器已经启动并运行，在设备代码的第 2 和 3 行中定义的 URL 指向正确的 Composer REST 服务器主机。

启动设备应用。

7.5.4 将资产转移到仓库

当资产被移交到运输者时，同样的事情发生了。转到运输者的资产视图，编辑 JSON 文件，并使用相应的值更改所有者：

```
"owner":
"resource:com.packtpublishing.businessnetwork.foodsafety.Warehouse#3"
```

7.5.5　创建一个搬运托盘并添加食品盒

要创建搬运托盘，我们需要遵循与食品盒相同的过程：

1. 在左侧面板上，选择 Assets → FoodBoxPallet，然后在右上角点击 + Create New Asset。

2. 将以下代码填写在 JSON 文件中，确保在 foodBoxInPallet 字段中使用相同的食品盒 ID，在 owner 字段中使用相同的仓库 ID（本案例中为仓库 ID 3）。

```
{
 "$class": "org.hyperledger.composer.system.AddAsset",
 "resources": [
 {
 "$class":
"com.packtpublishing.businessnetwork.foodsafety.FoodBoxPallet",
 "foodBoxPalletIdentifier": "3485",
 "foodBoxInPallet":
"resource:com.packtpublishing.businessnetwork.foodsafety.FoodBox#24
73",
 "assetTrackingInformation": [],
 "measureTrackingInformation": [],
 "owner":
"resource:com.packtpublishing.businessnetwork.foodsafety.Warehouse#
3"
 }
 ],
 "targetRegistry":
"resource:org.hyperledger.composer.system.AssetRegistry#com.packtpu
blishing.businessnetwork.foodsafety.FoodBoxPallet",
 "transactionId":
"0dfe3b672a78dd1d6728acd763d125f813ed0ca74450a2596b9cf79f47f054ad",
 "timestamp": "2018-12-24T14:43:34.217Z"
 }
```

3. 在创建托盘之后，像以前一样将托盘和食品盒都转移到运输者权限中，JSON 文件如下所示：

```
"owner":
"resource:com.packtpublishing.businessnetwork.foodsafety.Transporte
r#2"
```

7.5.6 运输搬运托盘时测量温度

此环节遵循与食品盒运输相同的温度测量规则，但必须对设备代码第 19 行进行注释，并取消第 20 行的注释，并用正确的搬运托盘值更新第 53、57、58 和 59 行。

在运输尾声，通过托盘以及食品盒的 `owner` 的变化，将资产转移到商店：

```
"owner": "resource:com.packtpublishing.businessnetwork.foodsafety.Store#4"
```

7.5.7 跟踪食品盒

我们将通过 `composer-playground` 来使用 Hyperledger Composer Historian 功能，实现消费者对食品盒的跟踪。

若要访问已应用于资产的操作的历史记录，请将消费者业务卡片连接到 Hyperledger 环境，并从左侧面板中选择 All Transactions 选项。

我们将能够看到在这项资产上执行的所有操作，从资产创建到搬运托盘和其内的食品盒到达商店：

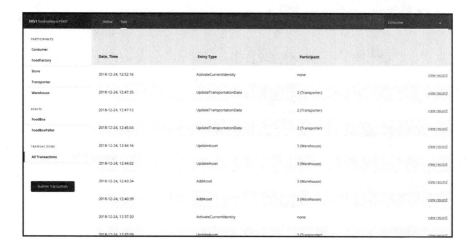

我们还可以通过单击 view record 链接查看每个操作的详细信息，如下所示：

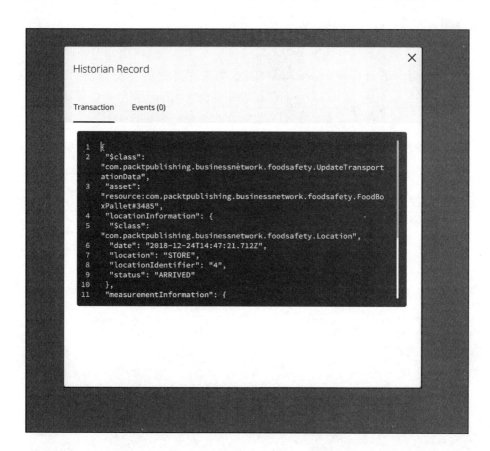

7.6　小结

在本章中，我们学习了如何使用 Hyperledger Composer 和 Watson 物联网平台创建业务网络。

在开发解决方案过程中，我们可以利用 Yeoman 来创建 Hyperledger Composer、定义共享数据结构、创建资产、设置参与者访问控制列表，以及创建并更新网络。

我们还创建了一个设备，负责监控食品盒从工厂到仓库，再从仓库到商店运输过程中的温度，并将这些信息添加到区块链网络共享信息中。

消费者可以追踪从生产链条开始的所有食品盒信息。

别看 Hyperledger Composer 和 Watson 物联网平台的开发非常简单，但我们开发的解决方案确实解决了食品链安全方面的巨大问题。

下面几章将介绍作者在项目实践中的经验教训、实践以及对现有业务模式的一些看法，并阐述为什么说物联网和区块链是创建业务模型和解决当前工业4.0 面临的新挑战的必备工具。

物联网、区块链和工业 4.0

工业 4.0 概念出现在一个新方法、新技术和云计算普及的时代。物联网和区块链等技术只是推动经济和制造业革命的一系列技术的组成部分。

在本章中，我们将探讨如物联网、区块链和云计算等关键技术的作用，重点讨论这些因素如何推动工业 4.0 的发展。

本章将讨论如下主题：

- 云计算在新经济模式中的作用。
- 物联网如何帮助实现工业创新。
- 作为工业 4.0 的业务平台的区块链。

8.1　工业 4.0

工业 4.0，也称**经济 4.0**，是一种新的制造模式。在该模式中，事物互联、数据采集以及处理技术被广泛应用于整个制造链条中。

工业 4.0 中的智能工厂不同于自动化工厂，因为它们不仅是自动化的，而且是互联、可监控和相互协作的。

更为重要的是，工业 4.0 不仅与制造相关，还可理解为创建新的制造模式，旨在创造更个性化和更吸引人的体验。新模式强调拥有数据是成功的关键因素，云计算、物联网、认知计算和区块链是推动这一新模式实现的技术要素。

8.2　作为创新平台的云计算

云计算为创建新业务模式提供了可能，同时也为重新设计现有业务模式提供了工具。云计算为服务的高科技和创新生态系统创造了简单、自助、灵活和低成本的基础设施。除了处理能力之外，云计算还将成为一个创新平台。下面就让我们深入探究云计算，了解它的重要性以及与工业 4.0 开发的关系。

8.2.1　云计算模型

云计算是指通过计算资源共享来运行各类应用，计算资源包括内存、计算、网络和存储能力的共享。一般将计算模型定义为云模型，其特征包括自助服务资源分配、软件定义资源以及随行付即日付的货币化。以上通常以三层商业化模式呈现，自下而上分别为：**基础设施即服务**（Infrastructure as a Service，IaaS）、**平台即服务**（Platform as a Service，PaaS）和**软件即服务**（Software as a Service，SaaS）。此外，它们还可以交付给公有和私有部署模式：

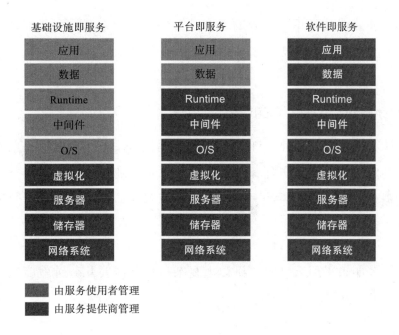

看看上图中的交付模型，就能理解服务的使用者关注哪些功能：

- 在 IaaS 中，云服务提供商负责维护网络、内存、服务器和虚拟机组件等基础设施，包括基础设施的许可证、备份、更新和升级。
- PaaS 提供了三方面服务：操作系统、中间件和运行能力，服务的使用者唯一需要处理的是应用代码、二进制文件和数据。
- SaaS 将计算提升到一个更高的抽象级别：此类服务的使用者所要做的就是使用订阅的解决方案。

IBM Cloud Public（也称为 Bluemix）提供了这里描述的所有功能，通过其控制台即可获得 IaaS、PaaS 和 SaaS 解决方案。你可以使用物理或虚拟机，运行应用，并订阅服务目录中的任何服务，包括 IBM Watson 物联网和 IBM 区块链平台。

当这些模式部署在公共网络（如互联网）的多租户环境中时，被称为公有云——个人和公司共享相同资源的地方。当公司或个人在私有或公共网络中的单个租户环境中使用这些服务时，就称为私有云。

8.2.2　云计算对于工业 4.0 的重要性

在云计算模型出现之前，IT 部门为顾客提供解决方案要经历一条漫长、昂贵和艰难的路程：购买服务器；等待交付；在它们的数据中心提供空间；准备网络和虚拟化；安装操作系统、中间件、数据库和运行时间；然后开发应用并将它们部署到生产环境中。

上述场景如果采用云计算，则以上复杂过程只需要几分钟就能完成，只需要为使用的云计算资源付费即可。

开发创新解决方案时，最小化可行产品（Minimum Viable Product，MVP）如果没有达到预期效果，基础设施、平台软件和附加服务就要不断调整。但如果创建的 MVP 不符合目标用户需求怎么办？在第一个场景中，已为所需资源付费，因此即使关闭了解决方案，也已经花费了成本。但是，在第二个场景（云）中，你只需为服务付费，所以只涉及日常开支（opex）。如果解决方案非常合适，而且人们经常使用它呢？在第一个场景中，你必须遵循一条更简单（但仍然很难）的路径来提供更多资源，而在云计算中，你可以随时扩展解决方案资源。

云计算还提供了使用物联网、认知计算、区块链和其他在互联网上创建和交付的服务和技术来测试新服务和创建新应用的能力。这些服务是强大的工具，可以创建新的解决方案和业务模型，为客户提供不同的体验，无论有多少人使用同一服务。

8.3　物联网

如前所述，数据是工业 4.0 成功的关键因素。收集和分析的数据越多，预测和建议就越有说服力。

物联网不仅仅是一个自动化的框架技术，它是从连接的设备收集大量数据的好方法。通过结合不同的数据源（机器和机器人传感器、安全摄像头、心率监视器、环境和气象数据），可以定义和分析特定领域，了解当前业务环境情况，并对其进行更合理的分析。还可以深入了解如何提高生产率、提升可预测性和灵活性，因为你可以按实时收集的方式处理数据，如下图所示：

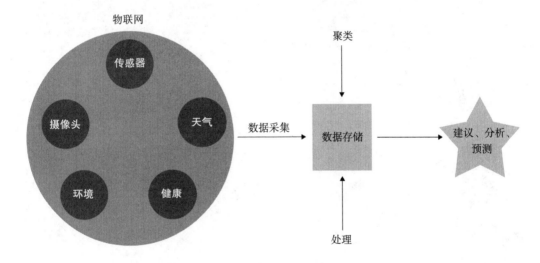

这种处理结果也可能成为改变机器和机器人目前运行动作的触发因素，甚至可以修复正在创建的产品中的缺陷，以便在继续一个任务之前执行自我修复任务。

8.4　区块链——简化业务链

随着业务模式的发展，人们倾向于采用更精益的方法。在这种情况下，行业发展只关注对产品目标客户有价值的事情，如果没有为产品提供价值，都被认为是无用的，必须被删除或更改，这样端到端解决方案就更具有使用价值。采用同样的方法，智能的商业模式往往会为商业模式本身加分，这意味着外包在这一领域仍然是一件大事。如果你不知道如何将端到端服务链集成到业务中，那么变得精益并非易事。

当外包或分散业务对模型越来越重要时，区块链就会发挥作用。让我们来看看下图中的传统汽车销售流程：

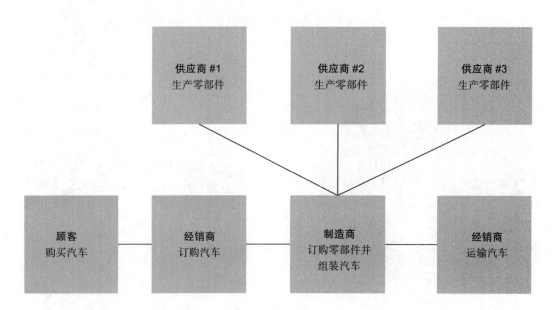

当顾客购买一辆汽车时，汽车经销商将在其账本中创建该汽车的新条目，并向汽车制造商下订单。汽车制造商在其账本中创建相应条目，并从供应商那里订购零部件，并在其账本中创建零部件订单条目。区块链通过共享账本机制简化了信息共享流程：

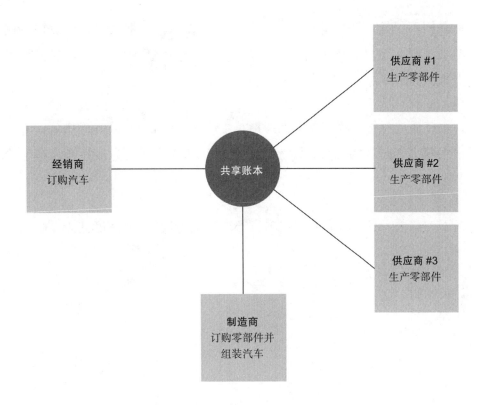

流程本身现在可以通过设计进行审核，最终产品可以被端到端地跟踪，让新车的主人知道产品的来源。

区块链使产品驱动的业务流程既精益又可审计。

8.5　小结

在本章中，你了解了云计算、物联网和区块链等关键技术在工业 4.0 环境中的重要性。

云计算是一种计算模型，它提供了低成本、可扩展和自助服务的技术，创建了一个适合创建创新业务模型的环境。

物联网不仅是一个自动化工具包，还可以作为一个框架来收集数据并创建一个类似于现实世界的数字关系。它创建了一个数字化的现实环境，模拟了与现实世界相同的条件。

区块链通过简化分散过程来支持精益生产线（lean production line），并帮助公司集中精力于自己的优势，而无须花费时间和金钱在不为最终产品产生价值的任务上。

在下一章中，我们将研究以往项目解决方案的最佳实践和经验教训。

第 9 章 *Chapter 9*

开发区块链和物联网解决方案
的最佳实践

与其他新兴技术一样，作为早期区块链和物联网的使用者，你会发现到处都是需要学习的挑战和教训。本章重点是给出一些可以应用到实际项目的解决方案，以少走弯路。

本章讨论以下主题：

- 用于云应用程序的参考架构。
- 如何使用 12 因子应用开发模型创建云原生（cloud-native）应用。
- 无服务器计算。
- 使用 Hyperledger Composer 作为应用程序开发的加速器。

9.1 开发云应用

有很多与云应用相关的潜在缺陷，从简单的资源滥用到无法解决的问题。应用简洁的架构并使用 12 因子应用开发模型可以确保你不会在应用上下伸缩时陷入麻烦。

容器是将应用所有依赖项（包括其代码、runtime、中间件、库和操作系统）进行打包的标准化方法。Docker 和 Garden 是可以在 IBM Cloud 平台上运行的容器，当然该平台也可以使用其他容器类型，例如 Rockt。使用容器可以增加应用程序的可移植性，所以，主机操作系统是否为 Linux 的一个特定发行版、应用程序是否构建在不同的发行版上都不重要，因为操作系统是容器化应用程序的一个层，这两个发行版都是一起提供的。

下图展示了容器化应用的结构：

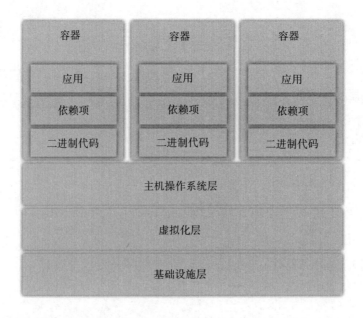

云平台使用容器化的应用并将它们部署到一组服务器中。我们可以在灵活

的计算环境中移动这些应用，以便更好地利用现有的基础设施，并跟踪部署在服务发现组件中的容器。

每个平台都有自己的方式来使用应用部署的容器化模型，如下图所示：

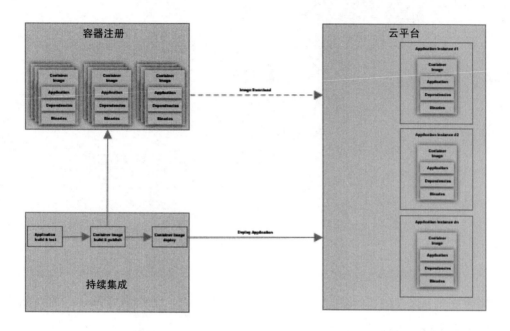

容器是基于容器映像部署的，容器映像是基本映像、依赖项和应用的只读定义。同一个应用的每个容器都是基于该映像部署的，在运行时对容器所做的任何更改只有在该容器处于活动状态时才存在，并且只适用于容器的那个实例。

9.1.1　参考架构

云计算为部署应用创建了一个抽象环境；我们使用虚拟 runtime。这意味着我们没有位置感知，也没有保证我们的应用将停留在同一个数据中心或虚拟机中。我们甚至不能相信应用的 IP 地址在 10 分钟后将保持不变。下图展示了使用 IBM Cloud Public（Bluemix）成功应用于云应用程序的参考体系结构。

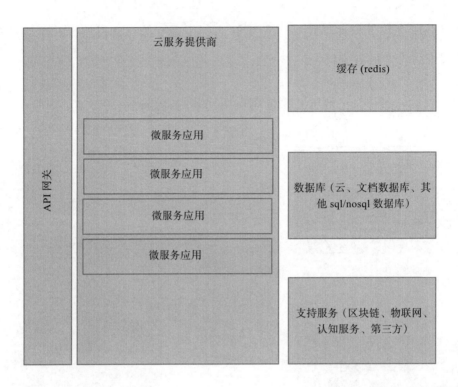

云原生应用应该水平扩展，这意味着每当工作负载需求增加时，应用应该增加应用的实例数量，以处理新的请求。同样，如果工作负载减少，则应该减少应用实例的数量。

9.1.2 使用 12 因子应用模型进行开发

12 因子应用模型是一组应该遵循的实践，以使云应用具有可伸缩性。它提供了对恶意云环境变化的支持。

该模式的 12 项原则如下：

- **代码库**：代码库在修订控制中被跟踪，并被多次部署。
- **依赖关系**：应该显式声明和隔离依赖关系。
- **配置**：应该在环境中存储应用配置参数。

- **支持服务**：应把支持服务视为附加资源。
- **构建、发布、运行**：应该严格分离构建和运行阶段。
- **进程**：应该将应用程序作为一个或多个无状态进程执行。
- **端口绑定**：应该通过端口绑定导出服务。
- **并发性**：应该通过流程模型进行扩展。
- **可处置性**：应该以最快的启动速度和优美的关机来最大化系统的健壮性。
- **开发 / 生产均等**：应该尽可能保持开发、分期和生产的相似。
- **日志**：应该将日志视为事件流。
- **管理进程**：应该将行政和管理任务作为一次性进程运行。

这些原则可减少一些与云计算相关的简单错误。

你不必将所有这些概念应用于你开发的所有云原生应用。例如，如果不需要脚本预加载数据库，则不需要使用管理进程原则。但是，如果你使用的应用需要保持状态或与不同的应用（例如会话）共享状态，那么使用支持服务是必不可少的，因为你永远不知道响应用户请求的容器位于哪个物理或虚拟计算机主机上。

9.1.3　无服务器计算

无服务器计算是一种部署模型，其中应用部署在环境中，但不一定一直运行。它的容器在第一次执行时启动，并且在请求要求执行时保持活动。经过一段时间的不活动后，该应用的容器将停止工作。需要注意的是，停止的容器需要些时间才能启动，因此实时响应并不是无服务器应用的优势。

无服务器应用（许多云服务提供商称之为云函数）是部署并附加到触发器上的微服务，它负责使用函数启动容器并运行它。触发器可能是数据库更改、传递给代理的消息、HTTP 请求或其他类型的请求。

云提供商通常根据执行时间和资源分配（通常是内存）来负责云功能的执行。例如，云函数可能需要 500 毫秒，并使用 256 MB 的内存。

成功的云函数不需要计算，也没有大量的请求（计划过程）。为了方便构建和部署无服务器应用的过程，无服务器框架是一个很好的选择，因为它支持 Google Cloud、AWS、IBM Cloud 和 Microsoft Azure 实现的无服务器计算。

9.2 使用 Hyperledger Composer 进行区块链开发

Hyperledger Composer 是由 Linux 基金会在 Hyperledger 品牌下托管的项目。项目目标是创建一个框架和工具，使用 Hyperledger Fabric 加速区块链应用开发，并简化与其他应用的集成。重要的是要记住，任何框架都打算通过抽象解决方案的一些复杂性来简化解决方案的一个方面，但它也限制了对应用的抽象的控制。

9.2.1 Hyperledger Composer 工具包

Hyperledger Composer 并不是解决 Hyperledger Fabric 涉及的所有复杂问题的通用解决方案。它剥夺了在没有它的情况下可以定制任务的灵活性。然而，它所做的是提供一个工具包来创建链码项目，构建区块链应用包（.bna 文件），并将它们部署到 Hyperledger Fabric。

使用 Hyperledger Composer 开发业务网络侧重于使用项目结构和公共语言创建资产、参与者、交易、查询和访问控制列表。在创建业务网络定义之后，Composer 有工具来打包应用并将其部署到 Hyperledger Fabric 平台上。

9.2.2 Hyperledger Composer REST 服务器

为了简化与其他应用的集成，Hyperledger Composer 提供了 Composer

REST 服务器，这是一个构建在 LoopBack 框架之上的 API 服务器，该服务器连接到定义的业务网络。它检索有关资产、交易和参与者的信息，并提供一个 REST API 服务器和以 swagger 格式描述的服务契约，以便与业务网络进行交互。Composer REST 服务器附带了许多有用的特性。最值得一看的是身份验证、多用户模式和数据源配置。

身份验证和多用户模式

在创建业务应用时，身份验证请求并不少见。Composer REST 服务器提供了使用 Passport 中间件连接到多个身份验证和授权提供程序的方法。虽然项目声称 Passport 有超过 300 个身份验证和授权策略，但我们的经验表明，并非所有这些策略都是现成的。有时，你必须创建自定义代码才能使它们工作。然而，我们已经成功地实现了 Google、GitHub、Auth0 和 LDAP 身份验证策略。

多用户模式允许为多个参与者使用单个 Composer REST 服务器，而不是为每个参与者部署不同的 Composer REST 服务器。在这种模式下，使用主业务卡片检索 API，但是与业务网络的交互是使用自己的业务卡片完成的。此模式要求启用用户身份验证。

数据源配置

Composer REST 服务器使用数据源存储用户会话数据。这并不意味着必须配置显式数据源，如果没有配置数据源，则 Composer REST 服务器使用开箱即用的内存连接器。当使用 Composer REST 服务器的多个实例进行高可用性或负载平衡时，实例不共享内存，因此需要一个数据源。任何具有可用环回连接器的数据源都可以使用。根据我们的经验，MongoDB、Cloudant 和 Redis 都是即用型的，我们只需要安装连接器并按照 Hyperledger 提供的步骤配置环境变量。

9.3 小结

在本章中，我们研究了在云环境中开发和部署应用的含义。考虑了容器是如何工作的，如何将容器化的应用部署到云平台，以及另一种模型：无服务器计算。我们还给出了云原生应用开发的 12 因子模型原理。

然后，我们将 Hyperledger Composer 作为开发区块链解决方案的加速器。我们探讨了各种特性，包括使用身份验证、多用户模式和数据源配置。

本书提供了关于使用 IBM Watson 物联网平台和 Hyperledger Composer 创建简单应用的信息。这些远远不是唯一支持物联网和区块链解决方案的平台和工具，但概念是相同的，可以应用。如果你对使用解释工具的扩展功能感兴趣，Watson 物联网平台和 Hyperledger Fabric/Composer 都会提供关于如何使用它们的大量文档，也可以看互联网上的大量社区文章，但是，我们认为，实践是理解它们是否适合给定解决方案的最佳方法，因此，如果你想学习如何使用工具包，只要尝试即可，简单案例就是最好的老师。

9.4 补充阅读

本章介绍的主题是概述，如果你需要更深入地了解任何主题，我们建议你阅读以下参考资料：

- 12 因子应用方法论：https://12factor.net/。
- 无服务器框架：https://serverless.com/。
- Hyperledger Composer：https://hyperledger.github.io/composer。